35 則從顧客角度出發，
提升品牌價值的行銷筆記

顧客價值
行銷

品牌戰略專家 **小馬宋** 著

感謝我的妻子、兒子和家人

插畫：小小馬宋（小馬宋之子）

目錄

PART1.
基於經營的行銷觀

PART2.
關於產品

PART3.
關於定價

番外篇

行銷是從產品開始的

「營銷」，在臺灣通常叫做「行銷」，雖然叫法略有不同，但它們的本質是差不多的。

我在北京Ogilvy廣告公司工作的時候，有許多來自臺灣的同事，我跟他們交流品牌或者營銷的事情，似乎也沒有什麼障礙，所以我就暫且認為，大家的認知是沒有太大偏差的。

但是這依然有問題，為什麼呢？因為即使在這，大家對營銷的理解還是很不一樣的。我們在廣告公司的時候，通常說到營銷，指的就是「做傳播」，就是做廣告，設計海報，拍片子，做公關活動等等這些事情。

後來我離開廣告公司，自己創辦了一家網路培訓網站，我又認真閱讀了許多經典營銷理論，才發現自己在廣告公司時對營銷的理解是非常非常偏狹的。因為經典的理論中，對營銷的解釋不僅僅是做傳播，這與普通大眾，甚至是許多從事營銷的專職工作人員的理解都不同。

簡單來說，營銷是從產品開始的。但大部分人會認為，產品

是研發或者產品設計部門的事，我只負責傳播就好了。

　　其實不是，如果產品不夠好，我們怎麼能指望顧客會不斷購買我們的產品呢？試想一下，如果我們透過廣告告訴了顧客，我們這個品牌和我們有什麼樣的產品，顧客也很有興趣買來試試，但他買完回去一用，覺得產品好差，然後，就不會有然後了。

　　所以我們做營銷必須要考慮產品，當然還有定價，渠道（臺灣稱為通路），推廣等等。

　　這就是這本冠以「營銷」之名的書之不同之處，我會用一個與過去很不同的視角，來跟你講述營銷這件事情。

　　我在中國大陸是從事營銷諮詢業務，我們公司服務過大陸超過100個大大小小的品牌，我雖然在營銷理論上研究沒有商學院教授那麼深透，但我的強項是，我擁有大量的實踐經驗。

　　所以，我也不敢說自己是系統講解營銷理論的，而是透過在我營銷諮詢實踐中的感悟，寫下一篇又一篇筆記，來跟讀者溝通我對營銷中一些關鍵問題的理解。

　　這些文章，合起來可以看成是講解營銷理論的連續篇章；單獨看，每一篇也能給人以思考和啓發。

　　菲利普・科特勒教授的經典著作《營銷管理》（Marketing Management）中，詳細拆解了營銷最重要的4P結構。很多人稱之為4P理論，其實我覺得4P談不上什麼理論，而是一種分析營

銷的經典框架。這四個部分環環相扣，各自獨立，又窮盡了營銷的方方面面。

　　《營銷筆記》講解的是經典4P結構的前兩P，也就是產品（Product）和定價（Price），後續我還出版了一本《賣貨眞相》，也就是關於後面兩P，渠道（Place）和促銷（Promotion）的，希望將來臺灣也能繼續出版發行這一本書。

　　最後，感謝北京中信出版社與臺灣出版界朋友的抬愛與努力，讓這本書在臺灣能付梓印刷出版。

　　（編按：爲使讀者便於理解，全書中除本篇外所有原書提到「營銷」的部分均改爲「行銷」；提到「渠道」的部分均改爲「通路」。）

推薦序
回到最基本的地方

知名戰略行銷顧問 李靖（李叫獸）

我跟小馬宋結識已經超過 7 年時間，小馬宋不光是我的摯友，也是我所尊敬的專家，他的實踐和他對商業基本道理的堅持，一直影響著我。藉由這本書，小馬宋首次系統整理了他在多年的行銷實踐中的所得，記錄成「行銷筆記」。在此推薦給想要理解行銷實踐，想讓自己的行銷行動符合這個時代特點、符合自身實際情況的人。也藉這個機會，跟大家分享我跟小馬宋在不同時期會面的幾個故事，幫大家理解這位作者。

1

第一個故事發生在 2015 年，當時我在做「李叫獸」的公眾號，也剛剛創業做一個小的行銷諮詢工作室，感覺經驗缺乏，想找一些前輩請教。在偶然機會加了微信以後，我跟合夥人李博文

一起，在一個周末的午後，去北京石佛營的一家漫咖啡，見到了小馬宋。

在聊到 2015年創業熱的時候，小馬宋就我們正在喝的咖啡舉了一個例子，「很多人都有開個咖啡廳的夢想，自己辛苦工作幾年，就夢想攢錢開一家自己喜歡的咖啡廳，做個悠哉悠哉的老闆，同時還能賺錢。但你知道嗎？在中國經營的咖啡廳，尤其是要做第三空間概念的，除了星巴克，真的很少有盈利的……」

接著，小馬宋開始分析咖啡廳這個生意的特點、規律，以及大家是如何在經營上誤解這個生意的，為什麼幻想和實際經常不一致。

當時我的感覺，嗯，很難得碰到一個回到基本常識的人（不過沒有想到後面一直發展成了摯友）。

2

第二個故事發生在 2017年，彼時我加入百度成為一名高管，應接不暇地處理著各種業務問題，某個周末，小馬宋說他要創業了，並邀請我一起去他公司喝茶聊聊。

在北京一個不起眼的辦公大樓，我按照指引走過有點暗也有點冷的樓道，來到角落一處陽光明媚、擺著兩張桌子的小房間，

這裡就是小馬宋新的辦公室了。

周圍不少人創業，那幾年也聽了不少宏偉的計畫，可小馬宋一開口就說：

「我現在就是做一家小諮詢公司，現在核心的綱領就是不做大，今年明年只要 4 個人就夠了。」

「很多人做公司就想立刻做大做強，當然我也挺想，但這不符合諮詢行業的規律。諮詢公司就是需要一個個案例去打磨，一點點迭代經驗和認知，一點點去培養人才。迅速擴張也沒有規模效應，反而導致服務水準迅速下降，對長期發展沒有好處，對客戶也沒有好處。」

聽起來很樸素的打算，但當時卻讓我非常敬佩——好多人創業的第一反應，就是如何增長、計畫多麼宏偉，但小馬宋卻首先尊重行業的規律。

3

第三個故事發生在創辦公司一年後，在小馬宋家附近的一家四川火鍋店吃火鍋。聊到小馬宋最近在做什麼客戶專案，小馬宋給我分享了他最近實踐的一些心得。

他有個客戶叫「熊貓不走蛋糕」，是做蛋糕外送的，主要借

助微信公眾號做流量，之前團隊主要圍繞如何提高團隊本身的品質和配送效率、如何吸引流量來做。找到小馬宋做行銷諮詢，主要是希望能夠擴大客戶來源。

小馬宋視察後發現，它最主要的用戶場景就是在三四線城市做兒童生日聚會——經常是一家人或者邀請孩子的好友，專門組織一個聚會。而在這個場景中，大家真正需要的並不是蛋糕驚艷的味道或者任何一道菜的口味（當然這些也需要做到 80 分），而是如何製造「氣氛」。

「是的，大家表面上想要蛋糕，實際上需要的是氣氛。那與其在蛋糕上下手，不如在氣氛上下手。」

所以小馬宋策劃了一個方案，讓公司精選蛋糕的配送員，並且在配送蛋糕的時候可以表演一個魔術。結果真的得到了很多家庭的喜歡——很多孩子期待過生日看到熊貓不走蛋糕的魔術表演，家人和孩子們會拍照留念。公司也因此越來越受歡迎，顧客的拍照分享也帶來了更多的客源。

當時聽完這個案例，我感觸良多。

當想要做一個「方案」來增加客戶來源，我們立刻就會想到很多增長方法、投放策略、廣告創意方案。我們花很多時間去思考自己想要什麼（比如要增長還是要利潤，優化管理還是迭代戰略），卻很少花時間去感受用戶真實的想法，去看見企業在用戶

想要完成的事中扮演什麼樣的角色。而一個優秀的諮詢顧問，確實可以幫助企業回到這個基本問題上。

兒童過生日，看起來是一件小事，但關乎很多人童年的回憶（我至今能夠回憶起童年幾次過生日的場景）。很多孩子在學校中、幼兒園中並不是主角，可能只是角落中的一員，可在生日聚會中，他們真的可以做一次主角：來的人，不論是爸爸媽媽還是朋友、同學，都圍繞著自己，祝福自己。這時候還有一個「魔術師」送蛋糕過來，專門為自己表演，這有多開心。可能這也是商業的偉大之處，透過企業的創新和努力，真的可以給一些人的生活帶來意義、快樂，即使僅僅在一件小事上。

以上，喝咖啡、飲茶、吃火鍋，是我剛讀完小馬宋的新書，回憶起過去幾年跟小馬宋相處的三個故事，這幾個故事帶給我的感覺，也如同這本書帶給我的感覺。

此時此刻，一個企業，尤其是消費品企業，要做行銷，要持續地經營和成長，確實面臨很多挑戰。我們面臨不斷波動的環境，難以把握的流量變化，不斷更新的各種平臺上的玩法規則，還有市面上充斥的各種各樣的方法論。

但是有一些是不會改變的，也是我在書中的一篇篇筆記中讀到的。

一個是務實精神。當我們要一個行銷方案的時候，是想要華

麗的點子、驚人的創意、盛大的陣容，還是回到企業最基本的經營問題上，看看能為此做些什麼。如果把策劃方案的人比作醫師，你會發現這樣的現象：當你敲開醫師的門，還沒怎麼說話和診斷，醫師就給你開了一個處方，看到你疑惑的表情，醫師說「這個吃了肯定能好，這是我們醫院最貴的藥」。這種情況在醫療過程中很少出現，但在方案策劃裡我們卻習以為常。小馬宋的很多實踐，最打動人的並不是讓人驚嘆的華麗的創意，而是願意跟企業一起回到真實的、基本的、務實的問題上。

另一個是回到常識、遵循規律。我們有夢想、有願景，這難能可貴，但再大的夢想也很難反抗更加強大的自然規律。就像書中舉的一個例子，一個人均消費 100 多元的餐廳想要成為全國開店數量最多的商家，最大的問題就是大多數人日常餐飲不會去這麼貴的餐廳，這個規律和常識是任何戰略攻克不了的。

最重要的，回到最基礎的層面，去理解真實的消費者並且給他們創造價值。在辦公室中，我們看到的是銷售額、淨利潤、點閱率，或者日活用戶數（Daily Active Users，DAU）、月活用戶數（Monthly Active Users，MAU）、客單價、購買頻率，以及各種變化的曲線、戰略研討框架或者某個「大創意」，這些很重要，但進一步進入真實消費者的世界，會讓你收穫更大的力量。在真實消費者的世界中，是他們要求學、要戀愛、要組建家庭、

要找工作、要加班、要放鬆；爲此，他們去趕考、去約會、去看房、去通勤、去開會、去聚餐、去旅行、去探親。現實中，確實有很多願意創新、願意踏實經營的企業，它們因而收穫了價值、得到了意義，就像前面舉的例子，哪怕是改善一個兒童生日聚會的氛圍，都有很大的意義。

致敬讀者、我的摯友小馬宋，以及這個時代所有的踐行者。

自序
做行銷，首先得懂經營

行銷，在當今社會中是一門顯學。

為什麼這麼說？因為在今天的商業世界中，企業的行銷動作是最容易被看到的。行銷本身就包含了品牌推廣，既然是推廣，看到的人自然就會多；看到得多，大家對行銷的印象相對就會更深刻。

這當然是好事，它給從事行銷的朋友帶來很多機會，也讓更多的朋友關注到行銷這門學問。在實際的商業經營中行銷確實也很重要，它能有效幫助企業獲得業務發展，打造長久的品牌資產，協助企業基業長青。

但凡事不能過度，我們也不能把行銷的作用無限拔高，認為有了好的行銷就會有一切，那不是一種科學的態度。實際上，品牌的成功首先是企業的成功，企業的成功則要歸功於企業經營的成功，而行銷本身是企業經營的一部分。如果經營本身是一艘帆船，那行銷就是風帆，執行行銷活動就是對風帆的操作。但如果你只懂得操作風帆，那船壞了就沒辦法了。如果你具備造船的知

識，當沒有風的時候，也許可以造一個划槳的船出行。

許多精於行銷技巧的朋友，後來再想往上提升往往有一定難度，因為他們很難再向上一個層次思考。只在行銷這一個層次思考行銷終究會有限制，如果想對行銷的認知再提升一個層次，你應該思考的是商業經營的邏輯。

戰略管理學家阿諾爾特・魏斯曼曾經說過，一個問題的解決，總是依賴於「與問題相鄰更高一級的問題」的解決。

行銷和經營的關係也是如此。行銷威力的發揮與成功，其實最終依賴企業的經營和組織能力。在小馬宋的行銷諮詢實踐中，我們非常關注企業經營層面的問題，這為我們抓住關鍵問題提供了更宏觀的視角，而我們在過去的實踐中也證明這種思考順序是有效的。

所以本書主題雖然是在講行銷，卻在思考每個具體行銷問題的時候都會向上追溯一個層次，讓讀者理解更高一級的問題，這樣才有助於讀者更好地理解行銷問題。

我們在與客戶的合作中也認識到，行銷的本質是幫助企業經營，企業經營的本質是讓企業在商業活動中獲得長期優勢。沒有經營，就不會有行銷，沒有好的產品，推廣也只能是一種殺雞取卵、竭澤而漁的行為，沒有任何意義。

行銷的目的最終還是要服從企業的目標。企業經營的最終目

標，是要在競爭中獲得優勢。企業的成功是綜合要素的成功，本質上是企業經營的成功。企業經營要想成功，就要遵循合理的經營邏輯，並且具備好的經營人才、資源、組織和能力等。一個行銷點子就能拯救企業的說法是片面的和絕對的，是對商業世界運行規律的不尊重。

在正式開始講述本書內容之前，我想先給大家講幾個我知道的故事，然後講一講我個人的看法。

第一個故事：我的一個朋友原來是 4A 廣告公司[1]的創意總監，是從設計師逐步做上去的，後來出來做了一個自己的設計公司。依託做創意總監多年積累的客戶資源，加上從 4A 公司接的設計外包業務，他的公司開業第一年還不錯。

但遺憾的是，開業即巔峰。由於他並不擅長開發新的業務，當那些老客戶資源逐漸用完了，他的公司就再也沒有什麼新業務了。結果這個設計公司在 5 年後就只剩下三名員工，每年也就一兩百萬元[2]的業務，僅此而已。

這是一個真實的故事。它讓我想起在過去幾年，好多原來做代工製造的 2B（面向企業用戶）業務的公司非常急迫地想轉型

1　原版編者注：4A 是美國廣告公司協會（the American Association of Advertising Agencies）的縮寫，4A 協會對成員公司有著嚴格的標準，因此所有的4A 廣告公司均為規模較大的綜合性跨國廣告代理商。

2　編注：本書中提到之幣值，若無特別提及均為人民幣。

做 2C（面向消費者）的業務。當然，2C 的業務看起來是很好，比 2B 業務毛利高，可是它們沒有搞清楚，這種業務和單純地做代工製造需要的是兩種截然不同的能力。

代工製造，其核心能力是大客戶業務洽談和製造效率，不會涉及終端銷售問題。就像原來這位創意總監，他的核心能力是美術設計和創意，但他不具備經營一家設計公司的能力。自己開公司，看起來很美好——自己做老闆，不受約束，賺的利潤都是自己的——但大多數公司賺不到錢，你想開公司賺錢，首先要具備經營一家公司的能力才行。

我遇到過很多公司，有企業龍頭的原料供應商，但它們想做自己的品牌；有幫知名品牌做食品包裝的，但它們想做自己品牌的食品；有做奶茶設備的，它們也想做自己的奶茶店；有做茶葉的，它們想做自己的茶飲料品牌……。

它們想跨行業經營的理由很簡單，就是自己這行太難做了，感覺換一換會很好。這裡有兩個誤區：一個是以為別的行業很美好，其實它們不知道別的行業也很難做；另一個是「以為自己也能做」，其實每個企業都有自己獨特的能力，你擅長製造業，那就努力做好製造的事，除非你有很多很多可以浪費的錢等著你去試錯。

我也認識一些自媒體人，他們自己有通路，幫別人賣東西賣

得很好，於是就動了心思，想自己也做一個產品來賣。結果做了實業才發現這是個巨大的坑，才發現自己的能力是直播和叫賣，而不是做產品，因爲直播帶貨和經營服裝品牌需要的完全是兩種能力。

講這第一個故事，我想提醒你的是：做什麼事，不能基於美好的願望，而是要基於能力和資源。老鷹可以吃到兔子，鯊魚卻吃不到，但鯊魚不應該羨慕老鷹，而是應該努力捕捉更多的魚。

第二個故事：有一次，我去拜訪一家廣州著名的餐廳。爲了瞭解這家餐廳，我提前去體驗了一次。後來見面的時候，我講了幾個我的感受。

第一，我找不到這家餐廳，因爲它的名字只印在了那棟大廈的電梯門口，而且是印在不銹鋼門框上，非常不明顯。他們特別熟悉自己的每家店，所以從來沒想過顧客還會有看不到、找不到餐廳的問題。

第二，我不知道怎麼點餐。我拿著服務生提供的粵式點心菜單，上面的分類把我看得迷迷糊糊的，完全看不懂。我在大眾點評上看到的推薦菜，在菜單上卻怎麼都找不到。但是，他們自己沒有意識到這個問題。

第三，我不知道這些點心的價格，對於菜單上「超、優、大、首、加」這些單字，我完全不明白，也沒有在每道菜後面看

到價格。當然他們知道，在菜單的背面有每一個類別的價目，常客可能知道，自己人也知道，但是我真的不知道。

第四，我對每個顧客要被強制收茶水費非常費解。他們說這是廣東的傳統，每個酒樓都要收茶水費。

我們有個客戶叫「遇見小面」，他們的總部在廣州，他們在下午推出了「下午茶 9.9 元均一」的小吃。我們曾經專門討論過這個說法，「×× 元均一」是廣東人的說法，其實很多外地人看不懂。遇見小面現在開到全國了，它就不能用一個只有廣東人才能看懂的說法，所以我們把這句話改為「解饞下午茶，樣樣 9 塊 9」。

請注意，你要在全國開店，就不能從一個廣東人的角度去思考問題。

你熟悉你的餐廳，但顧客不熟悉，你要從顧客的視角去思考問題。你的審美品味不是顧客的審美品味，你的思考角度也未必是顧客的思考角度。我相信，一個跳廣場舞的大媽，你可能覺得她的服裝品位很土，但她一定覺得自己穿的是最好看的衣服，所以你不能用自己覺得好的東西去要求顧客。

一個喝現煮苦味咖啡的專業咖啡客，沒有必要嘲笑在星巴克喝 80% 都是牛奶且甜度很高的拿鐵的顧客，因為每個人的口味不同，你不能用自己的口味要求別人。

　　有一次我去重慶見一個客戶，客戶問了我一個問題：「爲什麼重慶的火鍋這麼好吃，卻沒有特別火的全國性品牌？」我說，其實只是重慶人覺得重慶火鍋好吃，作爲一個山東人，我覺得重慶火鍋又油又膩、又麻又辣，我眞的沒辦法接受這種重口味。同樣，作爲一個山東人，我也不推薦你去吃「正宗」的山東煎餅，因爲正宗的山東煎餅在外省人看來簡直難以下咽。現在賣得好的煎餅，要嘛是改良的煎餅捲各種菜，要嘛是天津的煎餅果子，根本就沒有「正宗」的山東煎餅。所以，你瞭解的不一定是顧客瞭解的，你想要的不一定是顧客想要的，你喜歡的也不一定是顧客喜歡的。

　　透過第二個故事，我想告訴你的是：做行銷，不能基於自己的視角和偏好，而是要基於顧客的視角和偏好。

　　第三個故事：大概在十年前，我認識幾個專業的科技和網路自媒體。有一位自媒體大 V[3]，洞察力和專業能力都很強，他的文章曾經被網路大佬點讚和轉發過。但是今天再看，那些專業網路自媒體在今天幾乎都銷聲匿跡了。爲什麼呢？因爲它們接了太多的「業配文」。業配文就是某個品牌找來想讓你按照它的意思和方向，寫一篇關於這個公司或者品牌的文章，但是這篇文章是付費的。企業找你寫業配文，當然不希望你寫它不好的地方，你

3　編注：Verified，指的是在微博上十分活躍、又有著大群粉絲的「公眾人物」。

只能變著花樣誇它。這就失去了客觀性和獨立性，當你的業配文越來越多，你提供給讀者的價值也就越來越少了。那個大 V 其實是以批判見長的，但業配文只能誇。所以你就會看到他許多觀點前後矛盾的文章。漸漸地，他的閱讀量越來越少，影響力也越來越小了。

專業的自媒體就應該寫獨立的觀點和洞察，為讀者提供價值。那這些自媒體怎麼賺錢呢？可以直接發廣告，不要變著花樣寫業配文，這才是把影響力持續下去的方法。

我們為一個客戶做用戶視察時，在視察對象的選取上出現了失誤，因為我們視察的並不是這個品牌想要的用戶類型，客戶對此提出了疑問。負責這個客戶的同事用他的「專業知識」說服了客戶，讓客戶消除了疑惑，後來這個同事還很有成就感地和我說，他怎麼說服了這個客戶。

我聽後對他說，你雖然在這件事上「搞定了客戶」，但實際上我們的用戶視察確實出了問題，你不應該說服客戶聽你的，而是應該重新選定目標用戶去做視察。我讓他打電話向客戶認錯，然後重新視察。我們要的不是讓這個專案在客戶那裡通過，而是要真正地為客戶提供價值。

對一個科技網際網路的自媒體來說，顧客價值就是深刻的、有洞察力的文章和觀點。

對一家諮詢公司來說，客戶價值就是它為客戶提供的有效的行銷和品牌解決方案。

一個自媒體去寫業配文，就是為了追求自己的收入而忽略了顧客價值。一家諮詢公司去糊弄客戶，只是追求一個專案可以推進，卻不管能不能提供有效的解決方案，那也是為了追求自己的收入而忽略客戶的需求。

但我們要明白，為顧客創造價值才是一個公司、一個品牌安身立命的根本。企業只有為顧客創造了價值才能獲得回報，顧客價值才是顧客購買的原因。如果一個企業不能為顧客創造價值，卻只想著怎麼賺錢，那它就真的賺不到錢了。

我講這第三個故事，是想提醒大家：做企業、做品牌，不能基於自己的利益去思考問題和行動，而是應該基於顧客的需求和利益去思考和行動。

在本書中，我並沒有送給你萬能的方法和武器，而是請你從最根本的角度去思考經營、品牌和行銷。最後，我再次強調：

做什麼事，不能基於美好的願望，而是要基於能力和資源。

做行銷，不能基於自己的視角和偏好，而是要基於顧客的視角和偏好。

做企業、做品牌，不能基於自己的利益去思考問題和行動，而是應該基於顧客的需求和利益去思考和行動。

PART 1
基於經營的行銷觀

行銷本身是企業經營的一部分。

筆記 1

理解行銷，從放棄行銷的幻覺開始

行銷是大力士，但它不是神，過度相信行銷，就等於相信一種方法論的迷信。

你購買了這本講行銷的書，當你翻開本書的第一頁，我相信你會很期待看到一些「乾貨」（指真材實料）。這些乾貨，也許是可以一夜洗版的事件行銷技巧，也許是打造網紅品牌的 ×× 法則，也許是創造百萬＋閱讀量的文案寫作技巧，也許是提升幾倍轉化率的產品詳情頁設計原則，也許是直播帶貨一次銷售過千萬的法門……等等。我還相信，如果這本書起一個「直播紅利」或者「搶占短影音高地」之類的書名會更吸引人，因為絕大部分日常做行銷工作的朋友（尤其是市場部門的員工）眼中的行銷就是這些。

除此之外，一些來找我們談業務的公司老闆常常掛在嘴邊的還有一句話：「能不能幫我們把品牌重新定位一下？」我對這些老闆常常會反問一句：「如果我幫你找到了一個合適的定位，你

就能成功嗎？」

　　我們經常犯的一個錯誤，是把成功簡單歸因。比如一說江小白，有人就會說江小白的成功是因爲表達瓶[4]做得好；說起農夫山泉，有人就會說那是因爲農夫山泉廣告做得好；說起王老吉（涼茶），有人就會說那是因爲它關於「怕上火」的定位。凡此種種，好像一個品牌的成功特別簡單似的。我想反問一句，江小白那種煽情文案在網上一搜一大堆，怎麼就沒見別的品牌也靠這個成功呢？做出農夫山泉那樣的廣告，對廣告公司來說其實也不難啊，爲什麼沒有別的瓶裝水能像農夫山泉一樣成功呢？一個「怕上火」的定位就能做到上百億元的銷售額，那做品牌行銷不是太簡單了嗎？

　　首先你要認識到，行銷的各種技巧是不能保證企業成功的，因爲企業成功是由特別多的因素，而不是單一因素導致的。你想著學一招回去就能讓企業起死回生、銷量翻倍，這種招數其實我眞不懂，也不會。一個所謂的大師，如果他向你保證靠一招就能讓品牌成功，那這個人一定是個騙子。

　　比如，有人會覺得江小白是靠表達瓶成功的，這就是一個簡單歸因，因爲江小白的成功是由多種因素造就的，你只想著簡單學學就能做幾十億元的生意，那就很不牢靠。即使江小白內部的

4　編注：在瓶身上寫文案。

人出來講，也會重點講表達瓶是怎麼做出來的。為什麼會講這些呢？因為聽的人喜歡聽，嚮往成功的人喜歡聽簡單的成功故事，如果聽完之後發現原來成功這麼難，那他們就直接放棄了。

其實大多數人不知道，江小白的創始人有 10 年知名白酒企業的和經營管理能力，別說普通創業者，就算是白酒行業的老兵，大部分人也不具備這種能力和意識。

這讓我想起另一個故事，亞馬遜創始人貝佐斯問過巴菲特一個問題：「既然賺錢真像你說的那麼簡單，長期價值投資永遠排在第一位，請問為什麼那麼多人賺不到錢？」巴菲特回答說：「因為人們不願意慢慢變富。」

說到這裡，可能有人就會反駁我：不對，我就見過很多初創品牌靠一篇爆款文章、一個事件行銷快速成名了。

不可否認，這種現象確實存在，但你要明白，沒有「很多」品牌一夕成名，那只是個別現象。你可以回想一下，每年究竟有幾個品牌是一夕爆紅的？而中國每年有幾百萬個品牌都在想著一夕爆紅，這是不是和中彩券的機率差不多？

我早年就是專門做事件行銷和網路傳播的，也做出過許多曝光次數上千萬甚至上億的事件[5]，但實話實說，我們做之前也不

5　2010 年，「世界盃期間最牛的公司制度」傳播量過億，轉發數百萬次；和羅輯思維策劃的「甲方閉嘴」「papi 醬廣告拍賣」也都是很轟動的事件。

知道哪個會紅、哪個會爆。所以，大家還是儘早放棄這種幻想吧。

關於行銷的具體內容，我會在之後深入講，這裡先提前給大家打個預防針，不要對行銷抱有幻想，如果想得太多，恐怕連自己都會信了。

企業的基層員工喜歡各種具體操作技巧，高層管理者則偏愛品牌定位和戰略，這是我們大多數人在行銷這件事上的認知現狀。但我想告訴大家，這些也許是某種層面的行銷概念，但絕對不是行銷的全部，甚至算不上行銷的一部分，充其量只能算是行銷的一小部分、一個分支內容而已。

不過我們也不要走向另一個極端，即把所有的具體技能和方法工具全部否認。行銷是一盤完整的棋局，由一系列能夠互相配合的技能、能力、資源、組織等組成。就像一場戰爭，既需要整體的戰略規劃、資源調度，也需要一個個具體的士兵去完成每一項具體的任務。

從另一個角度講，具體的行銷技巧確實很管用，比如，透過產品包裝的改變、店鋪招牌的再設計，或者修改一篇推廣文章的內容，我們就能提升 50% 甚至更多的銷量，這種具體的技巧還是非常多的。這類技巧我們在行銷諮詢中會具體為客戶設計，但因為太糾纏於細節，加之每種產品、每種場景、每種媒體都不

同，所以不是本書要講的重點。

我也能深深理解每個人的不同想法。因為每個人所處的場景不同、職位不同，面臨的問題不同，他們對行銷的理解也會不同。比如一個市場部負責打理公司社群的基層員工，他面臨的具體問題就是「獲得更多粉絲和閱讀量」。這是一個非常具體的任務，對他個人來說還至關重要，因為這關係到他的升職加薪等個人問題。我們很難要求他從全盤、從本質上考慮行銷問題，他需要的就是「吸粉技巧和增加閱讀量的寫作技巧」。這個時候我們不要計較，如果我們處在這個位置，就得先做好自己的工作，學一學各種增粉、互推之類的技巧。一個人如果不學具體技能卻天天把「宏觀」、「戰略」之類的大詞掛在嘴上，反倒是有問題的。

這本書不是對行銷這門學科的系統化闡述，而是用筆記的敘述方式告訴你行銷不同層面的內容。這樣的話，你即使沒辦法掌握行銷各個環節、各個領域的具體技能，也能做到心中有數，至少在需要的時候知道什麼才是對的，該找什麼書去學習，找什麼工具去使用，如果能達到這個目的，我就很滿足了。

筆記 2

賺錢的生意與基業長青的品牌

　　行銷的本質是造就大品牌，成就大基業。現實商業實踐中那些別出心裁的小花樣能讓許多人賺到錢，但這不是我們要討論的行銷。

　　2019 年，我遇到了一個來自山東的年輕人，他 1998 年出生，初中畢業沒考上高中，退學後就開始自己做生意。

　　他起初折騰過很多項目，包括音樂培訓班、廣告材料製作等，後來賣起了槽子糕（北方地區流行的一種小蛋糕），生意居然非常火，還開了幾十家加盟連鎖店。這個生意他是和兩個朋友合夥做的，一年下來也有百萬元級別的收入，對一個當時只有 22 歲的年輕人來說，這個收入應該超過了 99% 的同齡人。但是，這個年輕人找我的原因，竟然是想加入我的公司。我挺驚訝，問他為什麼不自己做，而且我們公司新入職的員工也不可能拿到過百萬的年薪，甚至幾年內都做不到。他說，自己的槽子糕店就是個兩三年的生意模型。這種店看起來很受歡迎，天天排

隊，但是很難長久維持，一般會受歡迎兩年時間，兩年後這家店的收入就沒多少了，店主往往會選擇關門，或者重新選址、重新開店，再賺兩年錢。他有點無奈，因為這個品牌沒辦法長久做下去。

他們怎麼能做到兩年生意很火爆，而兩年後又做不下去了呢？我先說說他是怎麼把一家小店快速做起來的吧。

槽子糕是山東省昌濰地區老百姓普遍喜愛的一種副食糕點，消費者對這個食品的認知度不錯，所以做一家賣槽子糕的店，生意的基本盤當然有，但能不能賺錢則是另一回事。以前的槽子糕生意有兩種做法：一種是直接在市場或者鄉下大市集上擺攤賣，這種方式因為不需要租賃店面，成本不高，不說賺大錢，至少不賠錢；另一種是專營中式烘焙的線下店，經營品項會比較多，比如桃酥、棗糕、月餅、牛舌餅、蜜三刀，槽子糕只是其中一個SKU（最小存貨單位），這種方式投資比較大，但是品項多，客源較廣，做好了也能長期經營下去。

這個年輕人開店卻不一樣，他只做槽子糕。這樣的好處是不需要太複雜的人員培訓和很大的店面，經營簡單。缺點是經營品種單一，常年維持較高的銷售額很困難。這種情況下，要想經營好一家槽子糕店，就必須讓這家店迅速成為當地的網紅店，而且要維持排隊購買的局面。這需要一系列的經營活動相配合。

　　第一是選址，一定要選在那種人氣足夠高、客流足夠大的市場，包括茱市場、自由黃昏市場、小商品批發市場等，客流多才能維持店面的火爆銷售氣氛。如果沒有這種地理位置的店面，那就寧願不做。

　　第二要提前造勢，這種造勢一般在店鋪裝修期間就開始了。因為裝修期間的護欄等設備是可以作為廣告牌來宣傳的，這時候就要大力傳播門市的優惠活動，他們通常的優惠活動是開業期間買 10（個）送 5（個）。其實這本是經營中的一種長期促銷方式，所以他們還配合了一個重要的促銷做法：每天前 10 名買 10（個）送 10（個），這就會吸引一些大爺大媽的注意，這樣的宣傳造勢一直要做到開業前為止。

　　第三就是開業。開業的前幾天非常重要，因為只有「開業爆」才可能維持日後銷售的火爆。所以一定要選市場客流量最高的那幾天開業，他們通常是選擇周五。為什麼是周五而不是客流量更高的周末呢？因為周五開業當天有免費送槽子糕的活動，可以讓周五就形成火爆的排隊場景，然後周末兩天是集貿市場（指固定的市集）客流量最大的時候，又可以輕鬆把排隊維持兩天。開業前還要看天氣預報，如果天氣不好那就另擇開業時間，一定要等到人氣最旺的那幾天開業。從季節上來說，夏末秋初是理想的開業時間段，因為山東這個時候一般不下雨，開業後的一個季

度天氣都非常好，很容易維持火爆的局面。

開業當天，為了製造生意火爆的景象，活動內容就是排隊全部免費送槽子糕，一人一袋，每袋8個。其實每袋槽子糕成本只有1元多一點，當天能送600人左右。因為槽子糕要現烤現賣，不能全部烤好等著送人，這樣就不至於送得太快，既可以維持全天排隊免費領槽子糕的景象，還能節省贈送的成本。開業當天他們一般雇五個兼職人員，一人維持隊形，另外四個人主要在市場門口引導顧客過來排隊以及發優惠券。當天他們會發2000張左右的優惠券（買10送10），優惠券分兩種：一種是限明日購買，另一種是限三日內購買。

開業初期的排隊非常重要，因為其他顧客會覺得這家店很火。如果顧客連續多次看到這家店在排隊，一般都會有去買一袋嘗嘗的衝動，所以開業後一至兩周主動維持排隊盛況是關鍵。

開業的第二天、第三天是周六和周日，正常銷售是買10送5，帶優惠券來就是買10送10，而且銷售之後還會繼續發放優惠券。這時的優惠券又分為兩種：一種是明日購買有效，一種是不限時購買。為什麼呢？因為槽子糕這種東西不能天天吃，明日有效的優惠券，是希望顧客可以送給朋友；不限時間的，就可以促進顧客回購。

這個階段的店鋪經營，最重要的還是維持生意的火熱場面，

所以經營時間要隨行就市[6]。一般只在市場客流量最高的時間點開門，一旦市場客流量減少，沒人排隊了，他們就直接關門停止營業。總之，別人看到他們的店營業時間總是在排隊。這個階段並不是爲了賣得更多，而是要能蓄客、吸引關注。

接下來 10 天左右依然要維持這種經營策略：人多的時候開門營業，人一少就關門下班，同時每天繼續發放優惠券，大概每天可以發 50~100 張。這樣維持下來，兩周以後基本格局就定了，因爲大量的顧客看到這間店兩周以來一直排隊，他們會願意買一袋進行嘗試，而且槽子糕本身口味也不錯，加上熱銷場景帶來的光環效應，顧客會覺得這家店的東西很好吃，這種熱銷場面就會再維持一兩個月。

兩個月之後，購買習慣已經養成，這個店的生意就可以維持一兩年時間。

這就是這個小夥子的生意經。

原來做生意有這麼多門道！但你有沒有發現一個問題：這家店的紅火會維持一兩年，那一兩年之後呢？一般生意就會慢慢走向衰落。因爲這家店在這段時間的經營，會有很多想發財的加盟者來考察，他們在發現這個品牌生意持續紅火之後，就會選擇加盟這個品牌，這就是另一種生意模式了。但加盟這個品牌最後能

6　編注：指根據市場行情確定價格。

賺錢的並不太多，因為總部雖然可以手把手教給加盟者經營手法，但加盟者卻很難耐得住「寂寞」。比如一看到排隊人多，他們就不控制營業時間，想儘量多賣一些，結果排幾天隊就沒人排了。即使是總部自己開的店，兩年後一般也要轉手，因為利潤慢慢就縮水了。

這個年輕人看起來是不是一個很懂「行銷」的人？如果你只聽故事的上半段，可能也會覺得是這樣的，但故事的後半段，就是他將在不斷地選址、開店、關店中循環。他既不能把這個生意做得很大，也無法從這個循環中脫身。當然他確實可以賺到一些錢，如果你的目標是賺一些錢，這似乎也可以。但如果你真的想做一個受人尊敬的品牌，想創辦一家基業長青的公司，那麼這麼做「行銷」是行不通的。

但讓我比較不安的是，很多人以為這就是「行銷」，還特別推崇這種方法，因為這種方法看起來確實很有效，甚至能把一個並不是很出色的槽子糕店做成一家當地的網紅店。如果你也存在這種想法，我希望當你讀完這本書之後，再回過頭來看這個故事，那時候你可能會對這個故事有一種全新的理解。

筆記 3

企業成功根本上是經營邏輯的成功

邏輯是人類發展的出發點，經營邏輯則是企業成功的出發點。

　　大概一年半之前，有一位經營線下女裝的老闆和我討論定位的問題。她從採購做起，手中經營著自己的服裝品牌，在中南地區的二、三線城市有十幾家服裝專賣店，每家店的銷售流水和經營情況都很好，如果不考慮企業規模，也算是一家非常不錯的企業了。她問我，自己的這個服裝品牌該如何定位？我沒有直接回答，我反問她，如果我現在給你做了一個很厲害的品牌定位，你會怎麼做呢？顧客想到這個定位的時候就會直接去你們店裡買衣服嗎？答案好像不是。我接著說，你覺得這樣你就會大獲成功嗎？她想了想，覺得也不會，因為公司並沒有發生任何變化。

　　這是一個很典型的諮詢場景，許多公司經營者找我的第一句話就是：「小馬宋老師，你能不能幫我們的品牌定位一下？」好像有了一個品牌定位，一家企業立刻就能起死回生一樣。其實不

是的，企業的成功是很多因素共同作用的結果，任何告訴你某某公司是靠某一個行銷點子就成功了的簡單歸因，說的人要嘛是自己不懂，要嘛就是別有用心。但是企業成功的結果，倒是可以用一個簡單的、本質的因素來歸因：這家企業在商業競爭中獲得了某種優勢。

這個道理你沒辦法反駁，因為只有在商業競爭中占據某種優勢的企業才能獲得成功。這是一個特別簡單的道理，卻被無數企業家忽視了。具有諷刺意味的是，許多企業家卻非常相信只要「做好行銷」就可以讓企業起死回生。人們不太願意相信一個簡單的道理，卻特別願意相信用一個簡單的方法就能讓企業取得成功。為什麼呢？因為簡單的道理做起來太難了，而簡單的方法看起來似乎真的很簡單。比如，減肥的道理就簡單，你只要「堅持少吃多動」就可以減肥，但 90% 的人都做不到，所以他們才會相信一些神奇的減肥方法和產品，因為這些產品聲稱顧客可以靠這個輕鬆減肥。

企業經營成功的本質是因為獲得了某種競爭優勢，競爭優勢的地位則是透過企業經營來獲得的。請一定記住這句話。

企業怎樣才能獲得競爭優勢呢？可能有許多企業經營方法論，但首先要明白的一個道理是，企業要想成功，必須符合經營邏輯。

　　所謂符合經營邏輯，簡單來說，就是企業運作至少從常理和常識上是說得通的，是符合商業規律的。不管是理性的思維推導還是從現實的商業角度看，企業的經營活動都應該符合經營邏輯才行。當一個企業的經營邏輯對了、順了，企業就會獲得優勢，並在競爭中取勝。比如有個人想做餐飲，客單價定在每人 100 元，他想做成中國門市數第一的餐飲品牌。這就不符合簡單的常識和經營邏輯，因為中國消費者頻率最高的外出用餐選擇是平日餐點和商業午餐，他們的用餐預算在 10~30 元。你定位在 100 元，那就只能做正餐（大餐）、休假日餐、聚會餐，做不成日常餐，因為你的定位不是消費頻率最高的那種餐飲，你就不可能做成中國門市數最多的餐飲品牌。

　　再比如有製造類產品的企業想轉型做 2C[7] 的產品，它們覺得自己在這方面有優勢。但它們忘了，2C 產品和做製造類產品的企業需要的是兩種能力，如果不具備這種能力和資源，就不太可能做成這件事，這就是一種常識判斷。

　　有一個中國著名的茶葉品牌曾經諮詢過我，他們一年有 20 億元左右的生意市場，但是茶葉生意集中度不高，即使是龍頭品牌，整體營業額也就是總體市場規模的 1% 左右，再增長就很難

7　編注：指提供給消費者使用的數位產品或服務，例如售票系統、社群網站、線上學習平臺、交友App 等等。

了。他們想擴展自己的業務，想做茶飲料。

我們來思考一下，一個茶葉品牌想做茶飲料，他們成功的機率大嗎？他們的決策符合經營的邏輯嗎？

我覺得不符合，覺得他們做茶飲料很難成功。

一個企業要想擴展成功，應該是利用好自己原有的優勢。這個茶葉品牌做茶飲料有沒有發揮他們的優勢？答案是沒有。一個茶葉品牌要想經營成功，有幾個相對關鍵的因素，包括茶葉的原料和品質控制、茶葉的研發生產、經銷商的招募和管理、品牌的宣傳和塑造、銷售環節的精細化營運等。但是這些優勢，放到茶飲料這個項目上，優勢幾乎就完全消失了。

因爲茶葉的消費者和茶飲料的消費者是兩個完全不同的群體，所以茶葉企業做茶飲料，不能複用原來的顧客資源。

茶葉的銷售主要是靠各地經銷商，透過當地的人脈資源和茶葉專賣店銷售，但茶飲料的銷售主要是透過 CVS（便利店）、KA（大型連鎖商場超市）等系統，原來銷售茶葉的能力對銷售茶飲料並沒有幫助。

茶葉的製作講究搭配、火候、原料等，茶飲料的製作，主要是配方研發，這也是茶葉企業原來沒有的一種能力。

茶葉是個弱品類，顧客買茶葉的時候，首先選擇的是通路，他首先想到的是要去哪裡買茶。接著他會想買什麼茶，是大紅

袍、鐵觀音、安吉白茶、西湖龍井，還是雲南普洱。他可能會有個相熟的老闆，他相信的是這個人，而不是某個品牌。茶葉這個品類的特點是品牌弱通路強，茶葉的經營主要是通路經營，也就是對經銷商的招募和管理。但茶飲料是一個強品類，品牌非常重要，顧客到了便利店，他會根據品牌排名來決定買什麼飲料。

　　所以做茶葉和做茶飲料是兩種完全不同的商業邏輯，也需要完全不同的商業能力。

　　我對這位老闆說，如果你想做茶飲料，那就等於從頭開始，不是說不能成功，但是成功機率不大。如果你一定要做就不能用現有的組織和資源體系，你要去可口可樂、統一、農夫山泉、康師傅等公司挖資深人才甚至整個團隊來經營，這才有可能成功。

　　如果一個茶企業想增加業務，它應該做什麼呢？比如，它可以開發喝茶的器具，茶具是可以賣給相同的消費者的，這至少在經營邏輯上是相通的。關於茶葉經營，我之後會再講一個案例。

　　「品牌價值」或者「品牌能量」本身也可以成為企業的一個競爭優勢，星巴克就是因為它的品牌知名度高，所以在經營選址上會獲得極大的優勢。星巴克不僅可以獲得選址的優先權，還能獲得租金的優惠，甚至有些商業中心還會為星巴克進駐提供免費場地。星巴克本身是有其他優勢的，比如，它的規模導致的供應鏈優勢，品牌知名度帶來的顧客認知優勢，員工持股和公司文化

帶來的工作效率優勢，以及租金成本優勢。星巴克爲什麼會在與同行的競爭中成功？因爲它成本低、效率高，當然就獲得了競爭的優勢。

北京有一家快餐品牌，叫南城香，它也是小馬宋的客戶。這家飯店的口號是：飯香、串香、餛飩香。南城香厲害之處在哪呢？南城香的坪效（也就是每坪能創造的收入）是快餐行業全國平均水準的5倍。一般快餐店單店日現金流是7000元，南城香在北京有120家餐廳，單店一天平均流水是35,000元。如果你用簡單的方法研究它，你會發現它完全不符合通常的品牌經營方法。南城香既有蓋飯，又有肉串，還有餛飩，這特別不符合流行的「細分品類」的做法。比如很多人分析太二酸菜魚的時候會說，你看太二只做酸菜魚這個品類，所以細分成功了。那你怎麼解釋南城香呢？南城香也從來不用所謂聯名、事件行銷、品牌代言、廣告等品牌常規打法，那它爲什麼會成功？很簡單，南城香的成功是商業經營邏輯的成功。

南城香的創始人汪國玉1998年從安徽到北京做生意，最早做的是電爐烤羊肉串。汪國玉做人很實在，他每天親自去菜市場買羊肉，他問批發羊肉的老闆，你的羊肉多少錢？（後面的價格僅是舉例，不是準確數字。）老闆說15元。汪國玉說我給你16元一斤，但你要把最好的、最新鮮的羊肉賣給我。因爲食材優質

可口，南城香的電爐烤羊肉串生意就特別好，一到夏天的晚上，餐廳門口擺滿了桌子，全是喝酒買肉串的顧客。

　　羊肉串生意最好的時間段是夏天的晚上。夏天大家喜歡晚上出來買串，邊喝啤酒邊買串曾是北京街頭巷尾的平常景象。但冬天的生意就一般，北京的冬天太冷，夜裡也就沒什麼人了。不過南城香只靠夏天晚上就賺夠了一年的錢，那時它的生意非常火爆，利潤也很好。南城香當時成為優質電爐烤羊肉串的代名詞，這是一個很強的顧客認知，用專業詞彙來說，就是占領了顧客的心智。

　　但是，幾年之後北京不允許餐廳範圍往戶外擺了，用餐必須在餐廳內，這對烤串生意是巨大的打擊。烤串靠的就是戶外的位置，擺戶外可以讓餐廳營業面積擴大數倍。取消了在戶外擺，生意也就一落千丈。即使南城香依舊因電爐烤羊肉串而擁有美譽，也維持不下去了，因為經營條件和環境都變了。如果你是一個企業經營者，你會堅持只做電爐烤羊肉串嗎？你會堅持你的定位就是電爐烤串嗎？請你記住，經營邏輯是高於具體的方法論的。如果堅持所謂的定位，只做電爐烤串，南城香只能等死。為了自救，南城香開發了更多的菜品，所以它有了蝦仁大餛飩，有了安格斯肥牛飯，有了蛋奶油條，有了手拉奶茶。聽起來是不是一個餐飲大雜燴？這麼做真的行嗎？

　　我強調一下，沒有任何單一的模型能夠通殺四方，能在任何條件下所向披靡。一個游泳百米冠軍掉進海裡他也可能活不了，因為他游不過鯊魚。蛇的四肢完全退化，視覺能力也不行，它只有一個肺，肝臟只有一葉，整個身體是殘缺的，但它有自己的生存之道。蛇有毒液，撕裂的肌肉能迅速復原，它能冬眠，巨蟒甚至可以幾個月不進食而不死。狗熊的體形太大，它如果只吃肉就沒法獲得足夠的食物，所以它必須吃雜食，它能爬樹、會游泳，可以挖貝殼、抓鮭魚，實在不行，它乾脆冬眠，不吃了。企業就像動物，它們各自的能力是不一樣的，它們面臨的經營環境也不一樣，所以也就發展出了不同的生存適應系統。

　　南城香這種看起來貌似混亂的菜品結構，其實是與它的各種經營條件相匹配的。南城香選址全部是在社區的街邊店，這種地段的餐飲可以全時段經營。辦公大樓周邊的餐飲一般只做工作日的午餐，早上沒生意，晚餐也不好做，周末則更差。購物中心的餐廳則是工作日晚上的生意很好，周末生意也很好，但做不了早餐，也做不了宵夜。

　　南城香的這種選址不受經營時段的限制。所以它既有早餐，也有午餐和晚餐，還有宵夜以及其他時段的產品，任何時候顧客去南城香都有能吃的東西。早餐有蛋奶油條和豆漿，宵夜有電爐烤串，安格斯肥牛飯、蝦仁大餛飩等都是商業午餐、晚餐的解決

方案，手拉奶茶可以作為休閒和配餐的飲品。

　　一個店租金是固定的，但可以做多時段生意，收入就會增加，經營時間也可以擴展。南城香一天四頓飯，許多商場的餐飲生意是一天兩頓飯，南城香的營業額比較高也就符合邏輯了。所以，你看道理是不是也很簡單？你還會糾結之前的電爐烤羊肉串的定位問題嗎？沒有必要了。

　　南城香從坪效上來說非常好，因為它經營的邏輯非常通順，這為它創造了營收和成本優勢，也可以說經營效率非常高。但它選擇了做這種經營模型，也就必須選擇接受這種模型帶來的缺點。有什麼缺點呢？比如選址，它能選到的合適的店址必定很少，所以開店速度就不會太快，20 年在北京只開了 120 家店。再比如其品牌全是街邊店，感覺總沒有大商場的餐廳高大上，就像 1 點點（飲料連鎖店）和喜茶相比，喜茶店鋪的位置就會在品牌能量上占優勢。

　　日常營運方面，街邊店需要打理的事務更多，開街邊店很耗費精力。商場店就要好很多，因為商場會統一解決這些問題。但南城香在這種經營模型下充分發揮了它的優勢，並且高效地解決了街邊店面臨的許多經營問題。這本質上就是商業經營邏輯的成功，而不是簡單的所謂「品牌」之類的成功。

　　再說一個品牌，它叫戴森。

　　戴森做了一個很厲害的吸塵器，戴森的高轉速馬達技術確實很厲害，這是一個重要的技術壁壘（Technological Barriers），當然也有賴於創始人詹姆斯・戴森瘋狂地註冊技術專利，據說他註冊了多達 7500 項技術專利。所以戴森在英國很快就做到了吸塵器第一的位置，但它並不是傳統的吸塵器品牌，而是在強手如雲的環境中以新進入者的身分實現的。這個難度，可能就類似於今天一個新品牌想挑戰蘋果手機的地位一樣。

　　我們基於定位理論去思考戴森當年的競爭狀況，它是一個新進入者，是不是應該做一個細分品類？但戴森沒有這麼做。戴森的做法很簡單，它憑藉公司創新的雙氣旋技術徹底解決了舊式真空吸塵器氣孔容易堵塞的問題，它比傳統的吸塵器要好用很多倍，當然價格也貴很多倍。這是一種在產品創新上碾軋式的優勢，它不會宣傳自己是什麼定位，它把產品擺在那裡讓顧客體驗一下，顧客就知道了，因為戴森吸塵器真的好用太多了。在巨大的優勢中，企業根本不需要那些複雜的策略。所謂巨人過河，是不需要策略和技巧的，巨人直接就走過去了，只有小松鼠過河才需要策略和技巧。

　　1993 年的時候，戴森在英國開設了研發中心和工廠，它的吸塵器開始迅速占領英國市場，如今，戴森產品已經暢銷全球。這麼說來，戴森是一個典型的吸塵器品牌，那麼，戴森是不是應

該堅守這個定位呢？

並沒有。

戴森後來開發了空氣清淨機、烘手機、吹風機、風扇等產品，個個都很成功。2018 年，戴森的經營利潤就接近 100 億元人民幣。戴森的經營邏輯是什麼？是充分利用它的專利馬達技術儲備，讓這些專利技術在產品應用上發揮到極致。它才不管是吸塵器還是吹風機呢。戴森的經營邏輯不是占據吸塵器這個細分品類的市場，而是考慮它技術的優勢以及複用的可能。這種技術儲備相對來說更容易在使用高階數位電機的產品上取得成功。

許多人都學過定位理論，如果「吸塵器就是戴森，戴森就是吸塵器」，那它就應該堅守在這個品類上。可是，它為什麼擴展到其他品類也能成功呢？有人解釋說它把吸塵器這個品類做得足夠強了，所以它可以擴展到更多小家電品類上去。這裡就有一個該不該做品牌延伸的問題。戴森可以拓展到吸塵器之外，那為什麼米勒淡啤酒就不能成功地拓展到其他啤酒上呢？我再問一個問題，戴森要拓展小家電，那小家電有很多，比如電子鍋、豆漿機、食物料理機、電熨斗等，為什麼戴森不做呢？

其實邏輯很簡單，因為戴森的技術強項是氣旋技術，所以它才在吹風機、烘手機、風扇、空氣清淨機這些需要「吹」的品類上成功了。你既然有優勢，那就充分發揮它，這會積累並放大你

的優勢，這才是經營的邏輯。

還有一些朋友想知道我對新銳和網紅品牌怎麼看，是不是在網紅品牌身上，品牌就很重要呢？我們接著聊聊。

品牌經營是企業經營的一部分，品牌經營本身確實會為企業創造優勢，比如星巴克。品牌本身會獲得社會影響力、顧客優先選擇、政府優惠、媒體關注等，但我還是要強調一下，完全靠「品牌」並不可取。過去有許多餐飲網紅品牌，後來絕大部分都消失了，因為這些餐飲網紅品牌不懂餐飲經營的邏輯。後來的網紅民生消費性用品也一樣，技術上幾乎沒門檻，經營上效率不高，未來還會遇到線下經營能力的困境，我也不能斷言說一定不能成功，但還是要看未來這些網紅品牌的其他經營能力是否很強。

有些朋友可能會說，我不關心賺不賺錢，我先賺名氣，名氣大了再說別的。但實體經濟不像網際網路，網路產品可以先獲得大量用戶，然後再透過流量去變現。如果你就賣食品，這個產品本身也沒有利潤，你靠什麼賺錢？至少我認為這不符合經營邏輯。當然，也有可能是他們發現了另外的經營模型，這就另當別論了。

不符合邏輯，就不會長久。

企業經營成功是因為獲得了某種競爭優勢，但我們要理解什

麼是真正的競爭優勢。比如在競爭中，經常會出現一種降價促銷的情況。我要告訴你的是，低價並不是一種優勢，低成本帶來的低價才是一種優勢。

我們再進一步思考：競爭優勢只是一種結果，那獲得優勢的過程是怎樣的呢？這才是問題的關鍵。其實，優勢是靠經營邏輯創造的。就像南城香要做全時段餐飲，就不能選址在辦公大樓一樣，它的餐廳選址、菜單結構、動線布置等都是圍繞這個經營定位組織的，這才能真正地提升效率、降低成本。而提升效率、降低成本就是企業獲得經營優勢的途徑。做品牌，本質上也是降低成本、提升效率。

所謂競爭優勢，包括很多方面，善於經營關係，也是一種獲得優勢的方法。此外，資源壟斷、技術領先、成本領先，甚至廣告投放的效率、淘寶店鋪的營運效率、管理經銷商的能力、公司治理、股權結構的設計等有利於企業效率提升的經營活動，都可以為企業創造競爭優勢。

那為什麼大部分人會認為企業就是靠品牌成功的呢？

其實這也不難理解，因為品牌和行銷是企業對外最顯著的經營活動，外人看到的企業經營活動，就是它做了什麼廣告、發了什麼文章、辦了什麼活動，但是企業高效的經營管理，外人看不到；企業的融資活動，外人看不到；企業的人力培訓，外人看不

到;企業的組織結構,外人也看不到。

他們看到了江小白的表達瓶,看到了元氣森林「0 糖 0 脂 0 卡」的廣告,看到了可口可樂的明星廣告,但是看不到江小白為 200 萬個餐廳鋪貨做出的努力,忽視了元氣森林為線下經銷通路付出的巨額資金,可能也不瞭解可口可樂在中國毛細血管一樣的終端銷售網點(超過 300 萬個),以及對 5 萬名終端銷售人員的管理、組織和動員能力。

品牌和行銷都是外部能看到的東西,它們當然對企業經營有用,但可能只是冰山一角。更多外人看不到的,才是企業經營這座冰山底層的東西。

用符合經營邏輯的思路和模型,透過高效組織的經營活動,為企業在競爭中創造優勢,這才是商業經營成功的根本邏輯。

我在廣告公司工作的時候,服務的都是國際大品牌,我們幾乎不用關心客戶的業務興衰,只要根據客戶提供的產品資料和特點,想出一則優秀的廣告或者一句響亮的口號就好了。至於這個廣告創意能在多大程度上幫助客戶,我們其實並不關心。這就導致許多廣告人並不理解企業的經營情況,或者說他們並不懂生意。你問他一個街邊的小超市怎麼做才能生意更好,他真的不知道。

我兒子四五歲的時候去學過跆拳道,他學了很多動作,這些

動作我都不會。但他打架打不過我，因為他力量不夠，個頭太小，我用簡單的一拳就把他打趴下了。近身格鬥確實需要許多技巧，但身體和力量卻是格鬥的基礎條件，否則你的招數再多都沒有用。做行銷可以有許多「招數」，但企業自身的經營能力是取勝的基礎條件。

一個企業要成功，不但經營邏輯要說得通，還需要經營的能力和資源秉賦。比如，我就缺乏管理複雜企業的能力，所以我只能經營一家行銷諮詢公司，這個公司業務對我來說就相對簡單。

2012 年左右，中國忽然出現了好多個「網路餐飲」，有做煎餅的，有做牛腩的，有做烤鴨的，當時名聲赫赫風光無量，但沒過幾年，就都銷聲匿跡了。這是為什麼呢？問題出在經營上。其中一個品牌的創始人後來跟我說，他對管理一個餐廳非常頭疼，服務生、內場、外場等有太多瑣碎的事，這不是他感興趣的，也不是他擅長的。在餐飲這件事上，他更擅長創意行銷推廣，但不擅長經營。而餐飲門市的經營又是餐飲品牌長久發展的最重要一環，所以這些網路餐飲銷聲匿跡，也就在情理之中了。

用西貝創始人賈國龍的說法，「餐飲是勤行」，非常苦，一般人做不來。

企業的經營能力就是小鳥的翅膀，也是企業發展的基礎。所以，只關注行銷推廣而不注重企業經營，就像你用花花綠綠的色

紙做出了 一隻舞動的美麗小鳥，它也能在樹枝上擺出好看的舞姿，但一個不小心，它就解體了。

筆記 4

獲得卓越經營業績的兩種方法

戰略大師麥可‧波特在《哈佛商業評論》上寫過一篇題爲《什麼是戰略》的文章，這篇文章討論的核心是企業的戰略定位問題。

波特在這篇文章中提出了一個問題：如何取得卓越的經營業績？他說，企業要想取得卓越的經營業績只有兩種做法，一種是提升企業經營效率，一種是進行戰略定位。

那篇文章比較長，在這裡我打算用簡短篇幅來講述一下波特的主要觀點，而且我認爲，這些觀點對於企業經營者搞清楚未來的發力方向具有重要的指導意義。

企業要想取得卓越的經營業績，第一種方法就是提升企業營運的效率。這一點非常容易理解，就是你的企業和同行實施了相同的經營活動，但你的效率比同行更高，那就等於你在每個經營活動上降低了成本。你的成本整體上更低，收益更高，你就把同行甩到後面去了。

在這裡你要注意的是，我說的是企業實施了「相同的經營活動」。比如，同樣是奶茶店，賣的是同樣的產品，但是奶茶店 A 的製茶動線更合理，店員只要三步就可以製作出一杯奶茶，另一家奶茶店 B需要六步才能製作出一杯奶茶，我們就說奶茶店 A 的奶茶製作效率更高，它只需要 3 個店員就可以，而奶茶店 B 卻需要 6 個店員，這樣奶茶店 A 就獲得了人力成本上的優勢。這是一個真實的案例。我有個客戶叫兵立王，它的奶茶店製作一杯奶茶就比同行要少走好幾步，所以製茶效率更高。

我還有一個電商客戶，它是做不沾鍋的。在天貓的不沾鍋類前十名的店鋪中他們有三個（其中一個品牌叫德瑪克）。過去幾年它執著地提升站內流量的營運效率，比同行要高出一大截，所以它營運出一個轉化高的天貓店就特別容易。其實電商的營運手段都差不多，但它的營運效率就是比同行高，也就獲得了更多的回報。

日本企業在經營效率上的研究領先於全球其他國家和地區，著名的豐田精益生產法就是不斷改進每個環節的效率。2017年，豐田與福斯的總體營收差不多（分別為 2547 億美元和 2403億美元），但利潤卻是大眾的 3 倍左右（豐田的利潤為 169 億美元，福斯的利潤為 59 億美元），這就得益於它高效的精益生產法。

　　經營活動效率的提升，需要企業在每個環節進行持續的改善，這也是我們在服務客戶過程中一直在做的事情。

　　比如很多大品牌的烤魚店，幾年前就開始在廚房使用冰鮮魚代替現殺活魚。冰鮮魚就是在工廠中提前處理好的魚，不必在店內的廚房現場宰殺。活魚現殺雖然聽起來比較符合餐飲「新鮮」的需求，但活魚現殺效率太低，衛生也是問題。其實冰鮮魚的價格每條比活魚還要高 3~5 元，但是為了提升效率、改善衛生條件，連鎖的大品牌大都開始選用冰鮮魚。這個改善不僅節省了一個殺魚的員工，還讓廚房烤魚的效率大大提升，這就是一個改善的具體案例。

　　一個企業從成立開始，應該時刻謹記要對企業經營活動的每個環節進行改善，不斷提升經營活動的效率，這樣企業的經營才會形成自己的「經驗學習曲線」，也就是隨著公司的不斷發展和經驗的積累，公司的經營效率會不斷提升。

　　我們作為一家行銷諮詢公司，在一個客戶諮詢過程中的發現和創意，其實是可以複製到其他客戶身上的，甚至不同行業的客戶經驗都可以進行行業間的遷移，這就提升了我們每個諮詢項目的執行效率，也使整個諮詢公司的效率持續改善。

　　我們在服務客戶的過程中，一次提案只提供一個方向和方案，據我所知，一般同行會提供 3~5 個創意供客戶選擇。我們

只提供一個方案和設計，是因為我們有堅實的視察和邏輯推導，所以我們的工作量相較而言會小，工作效率也會比同行更高。同樣，我們在做提案彙報時只會向客戶有最終決策權的人提報，這就不用透過層層中間職位，做不必要的糾結和決策反復，同樣也提高了效率。

根據我的觀察，在中國的市場環境中，絕大多數企業的優勢都建立在高經營效率之上。只要每個經營活動的效率夠高，你就可以獲得高出同行的業績和利潤。

當然，波特認為提升經營效率會遇到兩種限制。

第一，你的經營活動會被同行抄襲。這個比較容易理解，對手可以透過學習你的做法獲得同樣的經驗，也可以透過挖你的員工來獲得你的經驗。不過我認為，企業與企業之間的經營經驗傳遞非常緩慢，即使是同一個企業內部，不同部門、不同員工之間的知識和經驗傳遞也很緩慢，企業內部的知識和訊息分布是不平均的。企業之間的訊息差就會更明顯。

第二，波特認為經營效率的提升是有邊界的。當一個行業內卷[8]到一定程度，你就很難再大幅領先同行了。波特的這個論斷理論上是正確的，但在現實中總有訊息差存在，總有一些企業會

8　編注：英文是「involution」意指內向進化，在資源有限的情況下，人們為了得到資源，而進行非理性的過度競爭。

發現更高效的營運方法。

　　因為提升經營效率有這兩個限制，所以波特認為企業要想真正領先，還需要進行戰略定位。

　　波特提出的企業戰略定位與特勞特提出的品牌心智定位是兩個概念。特勞特講的定位是品牌在顧客心目中的形象，比如顧客認為波司登是中國羽絨服第一品牌。但波司登的企業戰略定位不可能是「羽絨服行業第一」或者「羽絨服全球領先」，這對企業來說只是一個目標，它既不是戰略，也不是戰略定位。

　　我們的客戶南城香的戰略定位，就是「服務北京人民的全時段社區餐飲」。「全時段社區餐飲」這個概念顧客其實也不太懂，所以它並不是顧客心中的定位，而是指導企業經營和發展的戰略定位。

　　注意，如果企業只確定一個概念上的戰略定位，是沒有任何意義的。企業的戰略定位，只有同時展開一系列與之匹配的獨特的經營活動來支持它，才能獲得競爭優勢。

　　我剛才講的提升企業經營效率，前提是企業進行的是一系列相同的經營活動，所有企業做相同的事，只是個別企業效率更高。但我說的企業戰略匹配的經營活動，是「一系列獨特的經營活動」。

　　南城香的戰略定位是「服務北京人民的全時段社區餐飲」，

這裡的關鍵詞包括「北京」、「全時段」、「社區」。這個戰略聚焦在北京，它的菜品開發就和別的快餐不一樣；戰略聚焦在全時段和社區，它的營業時間、選址等也和其他企業不同。

所謂「一系列獨特的經營活動」，要嘛就是你的經營活動與對手完全不一樣，比如作為一家行銷諮詢公司，我們就沒有客戶部，也沒有業務部，我們是坐等客戶上門，這就和絕大多數同行不一樣；要嘛就是你的經營活動和別人類似，但實施的方式方法不同，比如我們為客戶服務，同樣是要給客戶提案，但我們只提供一個方案，一般同行會提供 3~5 個備選方案，這就是實施的方法不同。

最能讓你體會到「獨特」的案例，是美國的西南航空公司。

西南航空一直是全世界最賺錢的航空公司之一，儘管它是一家廉價航空公司。西南航空的戰略定位是「中、大型城市的二級機場之間短程、低成本和點對點的飛行」，為了支持它的這個戰略定位，西南航空採取了一系列獨特的經營活動，這些經營活動主要圍繞著低成本和便捷這兩個核心。

比如它只採購波音 737 機型，這就導致它的採購和維修成本降低。它不提供機上餐飲，沒有公務艙，只有經濟艙，這不僅節省了餐飲費用，其實還節省了數個空乘的人工費用。它不提供指定座位，這樣乘客進入飛機就可以快速落座，還能督促乘客提早

排隊乘機以便找到更好的座位；當然這也提升了乘客進艙的速度，使飛機在機場停機坪上停留的時間更短（波特說它們只停留15 分鐘），從而降低了交給機場的費用。

它全員持股，不加入美國工會，員工工作效率極高，這也是它能降低機場泊機時間的主要原因。在機場停留時間縮短，不僅節省了泊機費用，還提高了飛機的飛行效率。

西南航空的飛機在登機口設有自動售票機，這讓乘客可以繞過旅行社直接購買機票，從而節省了付給旅行社的佣金。

下圖是美國西南航空公司完整的「一系列獨特的經營活動」。

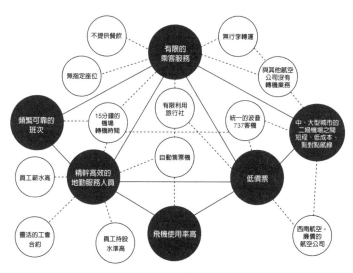

西南航空公司的營運活動系統

作爲支持企業戰略定位的一系列經營活動，它們應該是相輔相成、互相協同的。首先，這些活動要滿足簡單的一致性，不能爲了追求獨特而獨特，而是要保持一致。比如西南航空的所有經營活動都是爲了降低成本、維持效率。

其次，這一系列活動要互相加強。比如古茗奶茶會對加盟者進行嚴格篩選，確保加盟者有良好的經營效益。加盟店生意好了，又會讓更多的人願意申請加盟，古茗就可以篩選出更加適合的加盟者。這樣就起到了互相加強的效果。

最後，經營活動最好能實現投入和效率的最優化。企業的經營活動涉及各個部門、各個環節，這些不同的經營活動爲企業創造的優勢要能互相交織、互相滲透，並且圍繞同一個主題進行設計。

比如我們公司，諮詢師其實不僅擔負諮詢創意的職責，還負責與客戶溝通，我們沒有通常所說的「AE」職位（客戶服務），這樣不僅節省了人力成本，還能讓策劃人員直接聆聽客戶的需求和眞實情況，避免溝通環節過多導致的訊息誤差，反倒提升了諮詢效率。

筆記 5

行銷的本質是成就他人並創造

行銷的本質是利他，是成就他人，是創造價值，企業的利潤只是因創造價值而獲得的獎勵。

古羅馬時期有一個思想家叫奧古斯丁，他說：「什麼是時間？當你不問這個問題的時候，我還知道時間是什麼，但當你問這個問題的時候，我就不知道時間是什麼了。」

世界上確實有很多概念是這樣的，當你沒讓我定義它的時候，我覺得我還挺明白的，一旦你讓我來定義一下這個概念，我反倒不知道該怎麼說了。從某種意義上來說，行銷也是這樣一個概念，即使那些錯誤地理解了行銷的朋友也一樣，他們甚至也很難準確描述一個他們所認爲的行銷概念。

這篇筆記，我就試著和你解釋清楚什麼是行銷。

既然行銷這個概念是從西方世界發展起來的，那我們就從西方的經典教科書中去尋找答案吧。菲利普・科特勒是全世界公認的市場行銷大師，被譽爲「現代行銷學之父」，他寫的《行銷管

理》這本經典教材至今已經更新到了第 16 版，全世界幾乎所有商學院的行銷課程都採用了這本行銷學教材。在這本書中，科特勒給出了行銷的一個經典定義：

企業為從顧客處獲得利益回報，而為顧客創造價值並與之建立穩固關係的過程。

科特勒對行銷的這個定義是很準確，但卻很不友好。為什麼？因為對行銷沒什麼概念的朋友，看完之後還是會一頭霧水，理解起來很費勁。下面我就用一個通俗的案例來解釋一下。

比如北京北五環附近剛建了一個科技園，許多網際網路大廠都在這裡設立了辦公室，有好多「碼農」（軟體工程師）在這裡上班。因為科技園剛剛建成，周圍沒什麼餐館，員工吃早餐就很不方便，他們要嘛在家裡提前吃，要嘛就在辦公室裡隨便對付一下，或者乾脆不吃早餐了。

這時候你在科技園開了一個早餐店，賣包子、油條、豆漿、餛飩等早餐。你為這些公司的員工提供早餐，就是為顧客創造了價值，你不僅提供包子、油條這些具體的商品，還為科技園上班的顧客提供了吃早餐的便利。如果你還能提供預訂早餐並且送餐到辦公室的服務，那你就進一步為他們提供了便利，這樣的產品和服務就是在創造價值。

你的早餐不僅方便，還乾淨衛生、營養美味、服務熱情、品

質穩定，一年下來獲得了顧客的信任，那你就慢慢建立了信用，有了口碑，顧客就會變得越來越忠誠。你還加了好多顧客的聯絡方式，時不時發個優惠券和關心問候之類的，顧客越來越喜歡你，也願意加值幾百元在你的早餐店，這樣你就和顧客慢慢建立起了穩固的關係。

其實做品牌生意和做這麼一個早餐店一樣，都是發現了某種需求或者顧客的某個痛點，然後提供了解決方案，並且慢慢跟顧客建立了長久的聯繫。

下面就講一講在科特勒這個行銷定義中的幾個關鍵詞。

第一個關鍵詞：「創造價值」。所謂創造價值就是設計並生產製造出產品或者提供服務，而這個產品或者服務對顧客來說應該是有價值的，這是行銷的基礎和根本。

你可以仔細想想，從街邊賣煎餅的小攤到麥當勞，從廣東遍布街頭的涼茶到可口可樂，從摩拜單車（共享單車）到滴滴專車，從街頭的賣藝賣唱到維也納新年音樂會，從騰訊影音的會員到豪華影院，每一個產品都有其價值，正是因為它們提供了價值，顧客才願意買單。當然你會有個疑問：我怎麼才能比別人賣得更好呢？如果從產品這個層面來說，就是你的產品要比別人更有價值，要有差異化。你可能會接著問另一個問題：可是我們這個行業根本就沒什麼差異化。先別著急，我會在後面的筆記中專

門講「產品」，從而告訴你這種想法是非常錯誤的。

再用賣早餐這件事舉例，你給顧客創造的價值是什麼呢？首先可能是你的包子很好吃，用的麵粉好，麵發得也好，肉用的是土豬肉，菜用的是有機蔬菜，這就是你給顧客的價值。也有可能，你的包子並沒有好吃到驚艷，不過味道也不錯，但你的早餐店乾淨衛生，你要求餐廳工作人員每天換一套工作服，所有員工每三個月定期體檢，所有餐具嚴格消毒等等，讓顧客吃著放心，這也是一種價值。又或者，你可以提供早餐預訂服務，每天為園區員工送早餐上門，這又是提供了另一種價值。你為人熱情友善，待人接物隨和謙遜，顧客來你這裡買早餐也會有更好的體驗，這也是一種附加的產品價值。甚至你店裡收銀的小姑娘長得特別漂亮甜美，或者做包子的廚師年輕帥氣，也是一種差異化的價值。科技園的那些年輕姑娘和小夥子也就更樂意來你家吃早餐了。

第二個關鍵詞：「獲得利益回報」。商家不是慈善機構，它們為顧客創造並提供價值，就要從顧客那裡獲得相應的利益回報，這是所有商業活動有效進行的經濟基礎。你做早餐，因為你店裡的包子好吃，所以顧客來得就會更多，你賺到的利潤也更多，才有動力把包子繼續做好。

第三個關鍵詞：「建立穩固關係」。企業和顧客的關係一般

並不是一次交易的關係，而是長期多次購買的關係。那如何維護並且鎖住老顧客？這也是行銷要考慮的問題。比如那些經常光顧早餐店的顧客，你偶爾給他們免費或者多送一杯豆漿，這些老顧客就會更喜歡到你這裡來買早點，這就是和顧客建立了長期穩固的關係。當然，現在更多的餐廳是透過數據化的手段來維繫客戶關係了。

優質的顧客最值得你花精力去維護，但總來你這裡買包子的顧客就是優質客戶嗎？其實未必，這要看你早餐的產品結構、利潤結構和顧客的購買偏好，只有看清楚這個顧客的本質，才能更好地應對和調整這種關係。

假設你賣的包子有三種餡：一種是青菜豆腐餡，一個 1 元，毛利率是 60%；一種是豬肉白菜餡，一個 1.5 元，毛利率是50%；一種是蝦仁芹菜餡，一個 2.5 元，毛利率是 40%。同時你還順便賣豆漿和牛奶：一杯豆漿 0.5 元，主要是為了低價吸引顧客，毛利率只有 20%；熱牛奶一杯 2.5 元，毛利率是 60%。

一般顧客會買兩個包子加一杯飲品，那麼你覺得哪種組合你的利潤最高？你可能會說，他應該買兩個毛利率最高的青菜豆腐餡包子加一杯牛奶。其實不是，你要明白毛利率高和毛利更高是兩回事。我問的是「利潤最高的銷售組合」，而不是「利潤率最高的銷售組合」。賣出兩個青菜豆腐餡包子加杯牛奶，你銷售

的毛利率是60%，獲得毛利 2.7 元。但你想一想，如果顧客買兩個毛利率只有 40% 的蝦仁芹菜餡包子外加一杯牛奶，那你獲得的毛利則是 3.5 元。所以，那個經常來你這裡買早餐而且更喜歡蝦仁芹菜餡包子和牛奶組合的顧客才是你最優質的顧客。

按照顧客帶給你的盈利性和忠誠度，你可以把顧客劃分成四個群體（見下圖）。

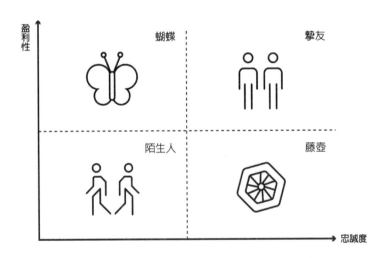

顧客按盈利性和忠誠度的劃分

摯友當然是最好的顧客，他們忠誠度高而且能給你帶來高額的利潤，你應該和這些顧客保持良好的關係。但那些長期光顧你

的早餐店的未必都是優質顧客，比如那些長期光顧但只買最便宜豆漿的顧客，科特勒稱這種顧客為藤壺。藤壺是一種附著於海邊岩石上的有著石灰質外殼的節肢動物，它們常形成密集的群落，也會固著在船體上，使船隻的航行速度降低，對船隻造成危害。這類顧客本身不會給你帶來什麼收益，而且還會浪費你招待其他顧客的時間和精力。

蝴蝶型顧客就是那種偶爾會進來買幾個蝦仁芹菜餡包子的顧客，他們會給你帶來很好的盈利，但他們就像蝴蝶一樣，很快就飛到其他花朵上去了。比如，對門開了一家長沙米粉店，他們就去吃米粉了。對這類顧客，你可以透過一些綁定的優惠活動等方法留住他們，使他們轉化成摯友型顧客。

陌生人型顧客也屬沒有必要花太多精力關注的顧客類型。比如一個顧客並不在這裡居住或者辦公，只是偶然來這裡開會，進來買了一杯豆漿和一個包子，他就屬陌生人，因為他以後可能再也不會光臨你的早餐店了。

客戶關係並不是這本書要講的重點，在這裡我只是希望你能理解行銷的本質，即首先是創造價值，其次是獲得回報，最後還要注意維護與顧客的穩固關係。

說到這裡，我再講一個曾經很流行的行銷故事。

有一天，一個梳子廠的市場經理給兩個下屬指派任務，要他

們把梳子賣給臨近山裡寺廟的和尚。

第一個員工覺得和尚沒有頭髮，當然不需要梳子，所以他壓根兒就沒去推銷。

第二個員工來到寺廟賣梳子，和尚說不需要。那個人就說，廟裡備些梳子開光之後賣給香客，香客買了之後天天用，時時會想起寺廟，還會向朋友推薦，那時寺廟香火會更旺。和尚覺得有道理，就買了 1000 把梳子。

據說早年某大廠請人幫員工培訓行銷，那個講師在臺上就講了這個案例，這個大廠的老闆偶然聽到這個內容，就把這個講師趕走了。他說這不是真正的行銷，這是騙術，心術不正。這個故事的真假暫且不說，在這裡我想請你思考一下：這個故事和行銷有沒有關係？

不是完全沒關係。這是行銷通路環節中的「個人推銷」，個人推銷是行銷中很細分的一個部分，而不是行銷的全部，甚至連局部都不算。這個故事考驗的是推銷員的思路和話術，其實和行銷關係沒那麼大。

從第二個員工的表現來看，我們可以說他很有隨機應變的能力，也有解決問題的思路，不過從行銷的定義來思考，其實他提供給寺廟的價值並不是梳子本身的功能，而是一個「如何賺錢的解決方案」，這才是他推銷出去的真正原因。所以不管他推銷的

是梳子、佛經抄本還是手串，本質上沒區別。這個故事有很多邏輯漏洞，我們也沒有必要去較真，我重新講這個故事是想讓你明白，什麼才是顧客價值，怎麼樣才能創造顧客價值。

你可能會想，「行銷」的定義我知道了好像對我也沒什麼幫助！當然不是，因為基本概念概括了最本質的東西，是那些投機取巧的小聰明無法替代的。

當你自己的公司經營遇到了一些問題，你只要回頭想一下，你當初經營好的時候是為顧客提供了什麼好的價值；今天遇到了問題，是不是你給顧客提供的價值消失或者降低了？當你迷茫的時候，或許一些基本概念就會讓你猛然驚醒。一個企業遇到了問題，有許多時候，就是它為顧客創造的價值不夠了，那企業的存在就會變成可有可無的事情了。

我聽超商零售專家黃碧雲講過一個真實的經歷，也是關於包子的。她說她家門口有兩家做包子的，以前她吃的那家包子皮薄餡大肉又多，所以經常光顧，這家店生意就比另一家好。後來豬肉漲價了，這家包子店的做法是雖然價格沒有變，但把包子餡減少了，也就幾乎沒什麼肉了，小拳頭那麼大的包子，肉餡比酒釀圓子都小。另外一家包子店則是另一種做法，肉還是放得一樣多，但是漲價了。

結果反倒是那家漲價的包子店生意更好了，另一家包子店慢

慢就沒生意了。

　　如果包子店老闆知道行銷的這個基本概念，他就應該會想明白，顧客來他家吃包子究竟是為什麼？難道是為了吃包子皮嗎？自己家過去顧客盈門，是因為自己為顧客創造了什麼價值呢？顯然這個老闆沒想清楚，結果就犯了一個非常低級的錯誤。而顧客一旦養成了去另一家包子店就餐的習慣，再想拉回那些顧客可就難了。

✏️ 金句收藏

1. 行銷的本質是幫助企業經營，企業經營的本質是讓企業在商業活動中獲得長期的優勢。

2. 理解行銷，從放棄行銷的幻覺開始。

3. 行銷是一盤完整的棋局，由一系列能夠互相配合的技能、能力、資源、組織等等組成的。

4. 企業要想取得卓越的經營業績，第一種方法就是提升企業營運活動的效率。

5. 為顧客創造價值才是一間公司一個品牌安身立命的根本。

6. 行銷是大力士，但它不是神，過度相信行銷，那是一種方法論的邪教。

掃一下QRcode，長按保存圖片，可分享社群。

PART 2
關於產品

不要學會了空中翻跟斗，

卻忘了繫安全繩。

筆記 6

行銷永遠跑不出 4P 的框架

許多人都知道 4P，問題是他們都過於輕視它了。

但凡學過市場行銷的人都知道 4P，就像每個學過物理的人
都知道牛頓的三大定律一樣。

在行銷這門學科中，4P 是一個非常重要的概念，但有意思
的是，這麼一個行銷學必知的概念，卻很少有人用它來做行銷。
這就像很多公司的企業文化和價值觀，老闆天天掛在嘴上，還用
大字印到牆上，但是卻從來不用、從來不執行，也不知道這種東
西在企業經營中能有啥用處。

為什麼會發生這種情況呢？我覺得其中有一個很重要的原
因，就是 4P 這個概念聽起來太簡單了，簡單到所有人都忽視了
它的重要程度。

考慮到還是有許多讀者不是市場行銷的科班出身，我們就先
說說4P 這個概念。

20 世紀 60 年代以前，大學的行銷教科書都是按照不同產品

類型來規劃全書結構的，比如先講「民生用品的市場行銷」，再講「工業品的市場行銷」、「農產品的市場行銷」，等等。

到 1964 年的時候，密西根大學的傑羅姆‧麥卡錫教授突然「靈感乍現」，他發現實際上所有行業產品的市場行銷框架其實是一樣的，就是由 product（產品）、price（定價）、place（通路）、promotion（促銷）這四個部分構成的，這就是後來鼎鼎大名的 4P 市場行銷組合，而後來幾乎所有的行銷教科書都以 4P 結構展開講解。這就是 4P 的由來。

嚴格來說，4P 既不是一個方法（因為你沒辦法直接用它去解決任何具體問題），也不是一個理論，它可以算是一個模型或者框架。那為什麼 4P 還這麼重要呢？因為在我看來，它有下面幾個特點。

一是窮盡性。4P 窮盡了行銷經營活動的各個方面，在任何行業、任何時代、任何條件下都適用，你只要按照這個框架去規劃你的行銷活動，肯定是「面面俱到」的。如果你要去分析競爭對手的行銷策略，4P 也是一個完美的框架，你用這個框架抓出對手在 4P 的每個方面做的事和具體做法，很快就能找到對手的策略、優劣勢等。

二是關聯性。4P 這個框架的四個部分之間是互相配合、相互依托的，你只要設計出了產品，那麼定價、通路和促銷也就都

需要對應的設計。同樣，你確定了你的定價，那麼產品、通路和促銷也需要對應的設計。

比如喜茶，它的產品品質很好，那定價就必須要高一點，否則它沒有足夠的利潤；它的銷售通路必須在一、二、三線城市，再下沉就賣不動了，因為這樣的定價下沉不了；它的促銷也同樣需要適應它的定價和通路；品牌調性的設計也要配合起來。

三是恆定性。在我們可以預見的時間內，4P 這個框架是不會過時的。不管技術怎麼發展，不管通路如何轉變，不管購買行為如何變化，這個框架都極為穩定。比如，20 年前許多商品的主要通路是超市，現在可以在電商、美團以及直播通路銷售，但這只是通路的變化，並不能改變 4P 的基本結構。

所以，4P 從誕生到現在一直屹立不倒，它能用來分析任何時代出現的任何行銷現象，也能指導任何時代、任何國家、任何企業的行銷人進行行銷規劃。這麼多年來，行銷界看似發生了很大的變化，卻永遠跑不出 4P 框架，100 年後、1000 年後也依然有效。

4P 框架不會給你一用就靈的技巧，但當你習慣用它來思考和審視行銷問題的時候，你會發現像打開了天眼，一切行銷新實踐、行銷新現象、行銷新概念都可以在它的解釋範圍之內，而你也可以用這個框架來分析所有的行銷活動，讓你快速搞清楚行銷

的本質。

　　4P，是一個看起來普普通通的概念，一個被從事行銷的人集體忽視的分析框架。因爲 4P 非常非常重要，這本書的核心，我將與你探討 4P 的前兩個 P：產品和定價。另外兩個 P——通路和促銷，我將在下一本書中詳細闡述。

筆記 7

產品是行銷的基石

　　過於關注「推廣」和「概念」而忽視真正的產品價值和用戶體驗，是新消費品的通病。

　　經營是企業生存的基礎，而產品是行銷的基礎。

　　這有點違反大家平時對行銷的認知。大部分關注行銷的朋友，似乎很少關注「產品」，因為他們覺得產品是產品經理、研發或者公司層面的事情，而做行銷只需要去關注廣告、投放、活動、公關等就可以了。

　　我在前文已經說過，行銷不只是我們日常談論的推廣和傳播，而且包含了四個完整而獨立的部分。產品就是 4P 的第一個 P。

　　產品就是我們為顧客創造的價值，我們要為這個產品確定一個合適的價格，透過行銷讓顧客瞭解這個產品，並促成顧客的購買，然後透過通路向顧客交付這個產品。沒有產品，就不會有行銷。

當顧客使用或者體驗了這個產品，就會對這個產品形成一個評價。如果這個產品特別好，他通常還會再次購買，我們就說這個顧客產生了回購。當然他也可能會推薦給自己的朋友，這就是顧客的傳播和推薦。如果產品不夠好，沒有解決顧客的問題，或者使用體驗不好，他就不會再購買這個產品，也不會向親戚朋友推薦，甚至會極力阻止身邊的朋友買這個產品，這就產生了負面影響。

如今，特別是對於線上的廣告投放，商家通常會計算投資回報率（ROI），也就是計算一次廣告的收入和費用的比值。比如你的廣告投放 1 元，獲得了 3 元的銷售額，那我們就說這個廣告的投資回報率是 3。如果廣告的投資回報率是 1，那肯定就不賺錢。當然如果顧客的回購率很高，也可能會賺錢，這個我就不詳細講了。

小馬宋公司之前有個客戶是做原味瓜子的，叫三胖蛋。它的瓜子回購率就特別高，因為瓜子確實好吃，而且有非常高的產品壁壘，別的品牌想做也做不出來。這在食品領域很少見。其實三胖蛋的老闆同時還是另一家種子公司的總經理，這家公司就是研究向日葵種子的。世界上最適合手上炒製原味瓜子的向日葵品種 SH363 就是這家公司研發培育出來的。因為控制了種子和種植環節，所以三胖蛋的瓜子就特別好，沒人能和它競爭。

　　產品回購率很高，電商投放的投資回報率也很高，這種情況就應該閉著眼睛投。但要是換了別的品牌的瓜子就不一樣了，因為它沒有三胖蛋品質那麼好，回購率就不會有那麼高。

　　所以你說產品重要不重要？你努力推廣，最後產品還能幫你一把，讓顧客產生回購和口碑推薦，這簡直是行銷人夢寐以求的結果。

　　我說了這麼多，你可能還會有疑問：我是負責市場行銷的，我怎麼能影響公司的產品呢？我難道要讓公司改變產品嗎？

　　確實如此，行銷人的工作不僅僅是幫助公司把現有產品賣出去，還要搞清楚市場上顧客對產品的反饋，收集顧客的意見，進行市場視察，從而幫助公司或者產品部門改進工藝，研發設計出更有競爭力、對顧客更有價值的產品。

　　如果你的眼睛還只盯著推廣、創意、投放這些事情，那你還算不上一個真正的行銷從業者。

筆記 8

選擇做什麼產品，
就決定了成為什麼樣的企業

產品是企業的基因和種子。大樹的種子會長成大樹，小草的種子最多會長成一棵很高的草。

2004 年，有一個年輕人還在北航（北京航空航天大學）讀書，那一年他參加了第五屆全球 GSM（全球移動通信系統）和 Java 智能卡應用開發大賽並拿到第一名，成爲該項賽事歷史上第一個獲此獎項的中國人，並獲得了2.5 萬歐元的獎金。

他當時創業選擇了一個沒有巨頭的行業：心理測試軟體。當然這個創業團隊很厲害，技術也很強，做心理測試軟體很快就做到了全國第一名。

這個故事聽起來好像很美好，但心理測試軟體這個行業不是一個好行業，它的客戶需求量小，付費意願低，所以做到行業第一也沒什麼用，到最後公司都經營不下去了。

後來，這個年輕人放棄了這個市場，轉身去做遊戲和防毒軟

體，賺了數十億元。再後來，他創辦了一家飲料公司，他的公司最著名的一個飲料品牌叫作元氣森林，我說的這個年輕人就是唐彬森，他在 2020 年的民生消費市場上是真正的風雲人物。

市場上許多人驚嘆元氣森林用短短幾年時間就做到了營業收入 25 億元，可有意思的地方正在於此。其實對一家飲料企業來說，25億元並不是一個很高的銷售額。你要知道，2019 年，可口可樂在中國的年銷售收入是 407 億元，農夫山泉在 2020 年的財報顯示總營收228 億元，六個核桃年銷售額早就過了 100 億元，統一的一款單品阿薩姆奶茶一年的銷售額就有 40 多億元。中國年銷售額超過百億元的飲料企業其實很多，這麼比起來，元氣森林也不過是飲料市場的一個小弟。

可是該公司 2021 年銷售額已達 75 億元。所以，你應該明白我的意思，在一個爛市場裡做第一，也不如在一個好市場裡做第二十名、第三十名。

一個好的細分市場的首要條件是市場規模要大。尤其是當你想做一個大企業的時候，進入一個規模巨大的市場是必要條件。比如飲料行業（包括各種軟飲料和水，不包括酒精類飲料）就是一個接近 5000 億元規模的市場，市場規模足夠大，所以你隨便折騰一下就能做出 10 億元的業績。

進入什麼市場，就意味著你要做什麼類型的產品。做企業就

像種樹，產品就是種子，你選了紅杉的種子，那就能長成參天大樹；如果你選了一粒馬尾草的種子，它長大之後最多就是一棵比較高的馬尾草而已。在企業經營中，選擇行業、選擇產品，就是在選擇企業的命運，因為不同的產品有不同的基因，基因就是企業的命根。

這就是這篇筆記我們要聊的話題：企業怎樣才能做大？

當然這個問題有各種答案，我不會從創業者的個人能力、企業經營等角度來講，而主要從客觀因素的角度去分析。也就是說，我這裡講的是必要條件，而不是充分條件。

一個企業要做大，首先就是要進入一個規模巨大的市場。比如 5000 億元規模的飲料市場，就需要好多百億元收入級別的企業；中國的白酒市場也是一個 5000 億元規模的市場（2016 年是該行業的歷史高峰，達到 6000 多億元規模，但 2017 年、2018 年持續下降， 2019 年由於高價白酒爆發，整體市場規模開始由降返升），茅台就有接近 1000 億元的規模，五糧液有 500 多億元的規模，過百億元的企業也有很多。餐飲業的規模更大，2019 年，中國餐飲收入規模占民生消費品零售總額的比重為 11.3%，超過 4 萬億元，即使在餐飲行業品牌極度分散、品類眾多的情況下，也有大量過百億元規模的企業，比如海底撈 2020 年的營業收入是 286 億元。在奶茶行業，2020 年的喜茶、蜜雪冰城等企

業的營收都超過了 50 億元，我個人預計到 2023年，中國至少會出現三家年收入過百億元的奶茶企業。

這個道理其實很簡單，水大魚才大，家裡的魚缸再大也養不出鯨魚，只有大海裡才能出現鯨魚。所以如果你想創辦一個大公司，那首先就要進入一個規模足夠大的市場。

企業要做大，還要看這個市場分不分散。

剛才我說，要想做一個大企業，必須在一個大市場裡做。但這僅僅是一個必要條件，而不是充分條件。因為有時候你即使進入了一個規模很大的市場，好像也很難做大，這是為什麼？很可能因為這個市場本身過於分散。

比如家庭裝修市場，雖然不同統計口徑有一定偏差，但總體上這個市場有兩萬億元左右的規模。5000 億元規模的飲料市場可以出現多家百億元級別的企業，但萬億元規模的裝修行業，行業龍頭的營收規模只有 200 億～300 億元，而且巨頭不多，大部分是小裝修公司。相對於飲料市場來說，裝修市場的市場集中度很低。

茶葉也是一個 3000 億元規模的市場，但茶葉品牌也沒有超過百億元規模的，因為這也是一個相對分散的市場。有幾千億元規模的足療行業也是如此，你很少發現一個全國性的足療品牌。

為什麼在這些大市場中出現不了大品牌、大公司呢？

　　原因有很多，根據麥可‧波特《競爭戰略》一書中的總結，大概有如下幾個原因：

　　（1）總體進入壁壘不高。進入壁壘不高就意味著永遠有大量競爭對手來搶奪業務。

　　（2）缺乏規模經濟或者經驗曲線。你在這個市場中存在時間長並沒有為你積累競爭優勢，老企業的經驗沒有太多價值。擴大規模並不能為企業提高競爭力，比如美國的龍蝦捕撈行業，你有 1 艘捕撈船和100 艘捕撈船，捕撈龍蝦的成本幾乎是一樣的。

　　（3）運輸成本。如果運輸成本過高，企業即使能形成規模效應，也會限制企業將產品銷售到全國各地，比如石頭開採。

　　（4）存貨成本很高或者銷售波動很大。這兩個因素會抵消規模效應帶來的好處。比如電影行業的銷售波動就很大，你也無法預測其銷售量。

　　（5）某些重要的方面存在規模不經濟[9]的問題。比如廣告行業，主要靠創意，但是規模大並不能保證創意品質就高，甚至人越多，平均創意品質就越低。

　　（6）顧客的需求過於分散，沒有一個產品能滿足所有顧客的需求。具有這一特徵的行業最典型的是餐飲業，尤其是中國的

9　編注：（Diseconomies of scale）隨著企業生產規模擴大，而邊際效益卻漸漸下降，甚至跌破零、成為負值。（參考自維基百科）

餐飲行業。由於中國的傳統和歷史以及各地口味的差異，餐飲行業的產品種類太多，而且每個顧客在每個時間的需求也不同，這就導致沒有任何一家企業能滿足所有顧客、所有時間、所有情景下的需求，所以餐飲行業是品牌最多、業態最豐富、產品差別最大的一個行業。當然因爲餐飲行業規模足夠大，每個細分領域也能出現比較大的公司。

（7） 新興行業。一個新興行業還處在激烈爭奪和發展過程中，因而還沒有形成行業的集中。

分散的市場雖然對立志做大的企業沒有吸引力，但對新進入者卻是福音。因爲分散的市場沒有巨頭，允許許多家企業存在，進入門檻也就沒那麼高。高度集中的市場進入門檻就特別高，它對原有的企業很友好，但對新進入者卻非常排斥。比如社交軟體行業就是一個極度集中的市場，微信幾乎一家獨大，而且形成了極強的網路效應，任何號稱比微信功能更強大的社交軟體都無法打破這個壁壘。其他高度集中的行業還包括手機、電商、白色家電、移動通信等。

如果你打算進入一個市場規模很大但很分散的市場，你就要考慮究竟想做多大規模。如果想做大，那你首先要明白限制這個行業過於分散的根本原因是什麼，你是不是具備解決這個問題的能力。如果你有能力解決這個問題，那你就可能成爲這個行業的

巨頭。

　　究竟要進入一個什麼樣的行業，這是一道選擇題。

　　因爲高度集中的行業，巨頭的地位非常穩固，原先的企業能夠獲得規模優勢和行業經驗壁壘，也恰恰是因爲新進入者很難進入，才導致這類行業高度集中。這時候你要進入，就必須考慮自身條件，即你是否能找到一個與巨頭對抗的立足點。這非常重要，否則盲目進入一個行業，最可能的結局就是以失敗和虧損告終。比如飲料行業，看起來很美，但如果你不瞭解飲料行業的核心競爭要素，進去之後會傷得很痛。

　　在分散的市場中，新進入者確實很容易生存下去，可很快就會遇到天花板，即企業無論怎麼努力都做不大。最差的行業就是市場規模小、行業集中度又高的行業，這是在進入一個行業前必須要考慮的問題。

　　從我個人角度看，餐飲是適合普通人創業的行業，當然它的成功率也不高。好是相對的，因爲它的市場容量足夠大，行業集中度卻不高，雖然行業裡有一些巨頭，可是也有許多活得很好的小型品牌。它對新進入者很友好，因爲它能很容易讓你生存下來，對有雄心的創業者也很友好，讓你有機會做到上百億元甚至上千億元的規模。

　　在這裡，我還要重點提示一個導致行業無法集中的原因，那

就是供應鏈。許多創業者，尤其是新進入者，常常會忽視供應鏈的問題，導致最後企業無法做大。

你可以先來思考一個問題：為什麼麥當勞做牛肉？為什麼肯德基做雞肉？為什麼華萊士做全雞？

麥當勞在全球經營著超過 38,000 家門店，肯德基在中國的門店數超過 8000 家，華萊士這個發源於中國福建的速食漢堡品牌，在中國的門店數超過了 18,000 家，而且還在快速發展中。華萊士也是百事可樂在中國的第二大銷售通路。這三個品牌都是西式快餐的巨頭，這時你可以停下來思考一下我剛才的那個問題。

對於這個問題，不同角度可能會有不同的解釋，但我想從供應鏈的角度講一下為什麼這三個品牌能夠做大。

其實很簡單，在麥當勞和肯德基創辦的時代，牛肉和雞肉是世界上供應量最穩定的肉類。麥當勞和肯德基分別做牛肉和雞肉，在供應鏈上也不打架。那華萊士呢？它做全雞，因為肯德基在雞腿和雞翅上的消耗量很大，如果華萊士還是和肯德基一樣做雞腿和雞翅，這就會導致原料供應出現問題。

供應的穩定，包括品質的穩定、價格的穩定以及供應量足夠大且穩定。

從供應鏈這個角度出發，我們能解釋許多行業、許多品牌的

問題。比如過去新鮮水果的供應鏈品質就不穩定，價格還總是波動，它就不是一個很好的供應鏈。所以我們看，商場裡的杯裝鮮榨果汁這個行業就沒有出現過大品牌，但是奶茶行業就有許多大品牌，因為奶和茶的供應鏈就是相對穩定的。再比如書亦燒仙草這樣的產品，其主要小料是燒仙草、珍珠、芋圓等，它就更加工業化、標準化，所以發展速度特別快。再來看奶茶行業的龍頭老大，率先開店超過一萬家的品牌蜜雪冰城，它的爆款產品是冰淇淋。冰淇淋這個產品就特別標準化，供應鏈也極其穩定，所以蜜雪冰城做到一萬家是有道理的。

　　蘇州有一家做杯裝楊枝甘露的品牌叫 7 分甜，也是我們的客戶，它做得還不錯。楊枝甘露的核心原料是芒果，它為什麼能做大呢？因為芒果是所有水果中儲存穩定性最高、風味保持最佳的水果，它解決了保存和口感穩定性的問題。

　　餐飲行業裡的小龍蝦是個很好的產品，不僅味道刺激、有成癮性，而且南北通吃。可是小龍蝦的供應鏈不夠穩定，所以發展了 20 年也沒有出現一個很大的品牌。當然現在上游的供應鏈也在試圖解決小龍蝦養殖標準化的季節性供應問題。牛蛙產品最近幾年很流行，現在也有人開始著手解決牛蛙的供應問題了。

　　隨著農業和生物科學的發展，許多過去品質不穩定的產品，今天也開始變得標準化了。比如番茄，在新疆的種植基地，番茄

可以做到幾乎在同一天成熟，個頭尺寸基本統一，這樣就可以透過機械化收割生產，不僅解決了生產效率問題，番茄的品質和標準問題也都解決了。

所以你看，以人為核心供應鏈，產品無法工業化、標準化的行業，一般很難出現大公司、大品牌。比如新東方（全名新東方教育科技集團）早年出了像羅永浩、李笑來、李豐等這樣的名師，但是靠名師的業務模式不穩定，因為名師的供應是有限的。後來的學而思就不靠名師，主要靠課程的產品研發，老師只要按照課程來講，教學效果就有保證，這極大地降低了老師在課程輔導這個產品中的重要性，所以學而思成長的速度很快。我們可以看到，新東方近幾年已經很少出名師了，因為名師模式不夠穩定，放棄了名師模式，新東方反而做得越來越大了（「雙減」政策前）。

得到 App 早期的產品，清一色是年度專欄，但年度專欄的主理人供應量是有限的，他們極度稀缺。所以像爆款的薛兆豐、香帥、寧向東也就做了一年；劉潤的「五分鐘商學院」做了兩年，後兩年就是出商業專題課程；吳軍的「矽谷來信」做了三季，中間還隔了兩年；吳伯凡的專欄做了三季，分別是三個不同主題；只有萬維鋼的「精英日課」做了四季。目前看能夠年更的專欄，大部分都是得到內部員工在做，比如「邵恆頭條」、「蔡

鈺商業參考」、賈行家的「文化參考」、「羅輯思維」等。

　　不過得到是在不斷進化的，比如得到高研院就是一個更加標準的教學體系，它的課程研發就更體系化、標準化，對供應鏈的依賴度降低了很多。得到電子書的供應鏈幾乎是無限的，「脫不花溝通訓練營」也是一種更加標準化的產品，對供應鏈依賴度降低了很多。

　　與供應鏈幾乎對等的一個問題，其實就是產品的標準化。我們可以簡單地下個結論，就是產品越標準化，企業就能做得越大。

　　過去的餐廳極度依賴廚師的手藝，所以規模都很小，很難開連鎖店。後來慢慢透過中央廚房的加工，逐漸去廚師化，才做得越來越大了。而中國餐飲品牌中的一哥海底撈，也得益於火鍋這種更加標準化的產品形態，因爲火鍋不需要廚師，小料和鍋底都是提前做好的，烹飪過程由顧客自己完成，幾乎完全去除了廚師的影響。據說麥當勞對產品的要求是，每個產品的現場加工，員工應該能在 5 分鐘內學會。你也可以根據這個思路來想一想，爲什麼過去餐廳裡很受歡迎的一道菜「拔絲紅薯」，現在幾乎沒有了？

　　星巴克爲什麼是全世界最大的咖啡連鎖品牌？那是因爲星巴克能夠保證在全球 3 萬多家門店出品的咖啡品質幾乎是一樣的。

星巴克並不是世界上最好喝的咖啡，甚至在許多咖啡文化濃郁的國家（比如義大利、澳洲）它是被嘲笑的對象，星巴克成為全球最大咖啡連鎖品牌的一個很大的原因就是它解決了咖啡品質不穩定的問題。

如果你是個咖啡愛好者，你可能會理解，要想做出一億杯味道幾乎沒有差別的咖啡其實是一件非常難的事情。水的溫度、咖啡豆的穩定口味、烘焙的一致性、沖咖啡的時間、研磨、拉花等都會影響一杯咖啡的口味，可是星巴克能做出來。

全世界不同產區、不同年份生產的咖啡豆的味道是不一樣的，你怎麼保證每年、每個地區的咖啡豆是相同的口味？你怎麼保證沖咖啡動作的一致性？星巴克解決了，所以它很偉大。那些嘲笑星巴克咖啡不好喝的咖啡愛好者，顯然不瞭解商業的真相和經營的邏輯；那些覺得自己可以做出比星巴克口味更好咖啡的創業者也沒有想過，當他們也能開一萬家咖啡店的時候，是不是依然可以做出比星巴克口味更好、價格公道、品質穩定的咖啡。

如果你追求的是做那種小眾的咖啡店，當然沒有問題，但如果你想做一家遍布全球的大眾咖啡連鎖店，產品品質的穩定性和標準化是你一開始就應該考慮的問題。

當然，我剛才講的都是基礎條件，企業做大還需要很多條件，否則世界上的大企業、大品牌為什麼那麼少呢？

筆記 9

市場即選擇，產品即細分

市場即選擇，產品即細分。進入一個爛市場，就像把一個短跑冠軍扔進爛泥地，再厲害他也跑不快。

選擇一個產品，有時候也就意味著你將要進入一個細分市場，這一篇我們就來討論一下，什麼是好的細分市場。

美國排名第一的卡車公司是哪一家？你可能並不熟悉這家公司，它叫帕卡（Paccar）。

帕卡集團在長達幾十年的時間內是美國最大的卡車公司（有一段時間，市場占有率第一的品牌是戴姆勒──克萊斯勒美國分公司，不過它是一家德國企業），其淨資產收益率的平均水準是16%，而同行業平均水準只有12%。

更值得注意的是，卡車行業是一個周期性行業，客戶需求會隨著經濟周期起伏不定，就像造船行業一樣。同時，重型卡車這個行業增長緩慢，回報周期特別長，不是一個被投資者看好的行業，也就不會有人願意投資這個行業進行競爭。

　　但就在這樣一個需求起伏不定的行業裡，帕卡的業績依舊非常穩定，從 1939 年以來就沒有虧損過，即使是 2008 年的全球金融危機，它也是盈利的。

　　帕卡是如何獲得這麼好的業績的呢？這是由一系列互相配合的好的企業戰略帶來的，不過這個戰略定位的前奏就是它對自己業務進行的市場細分。帕卡專注於高端重型卡車領域，並根據這個市場細分，在產品設計、研發投入、經銷通路、顧客研究等一系列經營活動上形成了互相配合、長期持續的優勢。帕卡不製造輕型卡車，也不製造便宜的重型卡車，它只製造高端的重型卡車。

　　什麼是高端的卡車呢？卡車可不是轎車，顧客購買家用轎車的目的和卡車很不一樣。在美國，購買卡車的一般是車隊的經營者，而開卡車的是司機，經營者不會為了展示自己的地位去買一輛高端的卡車，那怎麼才能把自己的卡車賣得更貴呢？

　　答案是：提高卡車的品質。重型卡車的品質包括三個方面：卡車的性能、卡車的使用壽命和卡車的使用成本。比如一輛 2008 年款的肯沃斯（Kenworth）T2000 款重型卡車（帕卡集團的卡車品牌之一），如果一年行駛 10 萬英里（約 16 萬千米），那麼加油、維護和保險費用大概也要 10 萬美元，但這輛重型卡車售價也就大約 11 萬美元而已。所以既然是高端卡車，就不僅

僅要耐用，使用成本還要低。肯沃斯很早就開發出了基於空氣動力學原理和配備有低阻力進氣道的卡車，這就大大降低了卡車的耗油量。

帕卡也洞察到，卡車經營者為節省營運成本和提升卡車使用效率，通常會雇用兩個司機輪流開車。帕卡非常注重對司機休息空間的設計，把卡車的外形設計成哈雷風格，這種風格更受美國卡車司機的喜愛，同時也會影響車隊經營者的購買決策。

卡車品質這件事很不容易證明，除非經歷長時間的考驗。所以帕卡持之以恆，堅持做高品質、高性能的重型卡車，而且要做很多年才能看到回報。你的卡車在路上跑了 20 年，而且性能良好、品質穩定，基本不需要維修，這些不能靠口頭承諾讓車主相信，只有真的讓自己的卡車上路跑了 20 年，才會獲得這樣的口碑。否則，有多少人願意相信你，然後支付十幾萬美元呢？

在這裡，我想再次提問：為什麼帕卡會取得這麼好的經營業績？也許你會說因為它進行了市場細分。

其實這是一個偷懶式回答，進行市場細分並不能保證獲得卓越的經營業績，因為很多定位在大眾市場上的品牌也做得很好，比如可口可樂。進行市場細分只是企業的一個決策，而這個決策並不能保證你成功。那保證你成功的關鍵是什麼？是企業針對這種市場細分、圍繞這種市場細分採取的一系列特殊經營活動。正

是因為這種互相配合的經營活動,才塑造了企業和品牌的競爭力,並形成競爭壁壘。

特別提請你注意的是,進行市場細分本身是不能帶來任何優勢的,就像你對你的品牌進行了一次定位也不能帶來任何競爭優勢一樣,針對市場細分而做的各種經營活動(而且最好是獨特的),才是你獲得優勢的原因。

比如帕卡,它不僅針對目標客戶設計了更舒適、更符合卡車司機風格的卡車,而且對品質和性能數十年如一日的堅持讓它獲得了重型卡車行業中難得的口碑。這種口碑的獲得是非常難的。另外,它的定價導致它有足夠的利潤投入進一步的技術研發中,這也讓工程技術人員能安心工作,而不會為了機會頻繁跳槽。

我們在最開始設計自己公司的業務時,往往會將市場「細分」,為什麼要細分呢?因為你不可能做所有人的生意,也沒機會做所有人的生意。

我們要看看哪個細分領域還有機會,然後就重點投入這個細分市場,這自然而然就產生了「目標市場」。之後,我們要長期聚焦這個目標市場,為它的顧客提供最合適的產品,在產品設計、品牌調性、行銷推廣等方面產生偏好和特色,這就進一步形成了「市場定位」。

市場細分(market segmenting)、目標市場(market

targeting）和市場定位（market positioning）構成了每個公司行銷戰略的核心三要素（簡稱 STP）。不過我覺得，這三個概念聽起來實在讓人犯糊塗，簡單點說，就是因為你不可能做所有人的所有生意，那就必須選擇一個細分市場去做，並且提供細分的產品，從而在這個細分市場上取得優勢。

我再強調一下這裡的重點：問題的關鍵不是進行市場細分，而是取得競爭優勢。

怎樣透過市場細分取得競爭優勢？這裡有兩個關鍵：首先，你要進入一個好的細分市場；其次，你要進行戰略定位（這裡的戰略定位並不是你通常理解的心智定位），並透過經營和設計在這個細分市場中獲得優勢。

市場細分並不是拍腦袋那麼簡單，你還要考慮市場細分後的四個判斷指標，這些判斷指標可以幫助你認識到，你所做的市場細分是不是有效。

這四個判斷指標分別是：

1. 可識別性與可衡量性

即你定的這個細分市場能不能很容易地被識別和衡量。它必須有比較清晰的邊界，而且能透過統計方法測試出這個細分市場的顧客規模、消費能力、消費規模等。

比如足力健老人鞋的細分市場就是 60 歲以上的老人，那這

個市場是不是可識別、可衡量呢？的確如此，我們可以透過人口統計的方法界定這個市場，也能透過一些統計方法明確這個市場的顧客的消費能力和消費潛力，他們的消費特徵也能比較容易地被描述出來。

再比如勞力士，它定位的細分市場是具有較高社會地位的有錢人，這個市場是相對容易衡量的。帕卡的細分市場也比較容易衡量。

又比如大學生、中學生、一線城市居民、高收入人群、喜歡健身的顧客、偏愛榴蓮的顧客、政府雇員、工程師、穆斯林、素食崇尚者、開車人群、有經痛的人群等，都可以很容易地界定並統計出他們的消費規模等數據。

但如果你定位的細分市場是第二代北京人，這就是一個很難被識別、界定以及統計的市場。因為這群人的特徵太不明顯了，雖然可以透過他們的父母出生地來證明他們是不是第二代北京人，但這種識別不僅費時費力，也沒有特別大的意義。

再比如我們的細分市場如果是那些正直善良的目標群體，這個細分市場不僅不能統計，連尋找和界定都非常困難。

2. 市場容量

你可能選擇了一個很容易識別的細分市場，但還是要思考它

的市場容量問題，因爲市場容量決定了企業能做多大、增速有多快以及能走多遠。

比如足力健老人鞋，2017 年的銷售額才 5000 萬元，2019 年就達到了 40 億元。因爲中國已經進入老齡化社會，夕陽經濟是個巨大的市場，在這樣的市場容量下，你隨便切一塊蛋糕就能有幾十億元。

再比如，嬰幼兒市場目前的市場容量還是相當大的，而過去的嬰幼兒市場沒有被充分挖掘（例如，過去家裡餵養孩子都是自己做飯，但現在越來越多的媽媽開始選擇用各種品牌的輔食來餵養孩子），再加上現在中國家庭越來越注重孩子的身體健康和教育，所以嬰幼兒市場有著巨大的消費力。

從另一個角度看，中國的出生率已經在快速下滑，甚至已經比出生率最低的日本都低了，嬰幼兒整體的消費人群是在逐年下降的，而且他們的消費年限很短，如果從未來更長時間的角度看，這個細分市場存在一些問題。

幾年前一個做標籤機的人來諮詢我。他們的產品主要針對那些日常生活中喜歡分類貼標籤的人群，這是一個非常細分的市場，市場容量也很小，這家在業內最大的標籤機企業也不過上億元的規模。當然國與國不同，日本國民因爲對歸類和整理非常著迷，所以日本對標籤機的需求就要大很多。

再舉一個極端點的例子——中國的太空人群體，這個群體其實很容易識別，但這個群體太小了。

3. 可接近性

如果你確定了細分市場，而且這個市場容量足夠大，你還要考慮這個市場的可接近性，即面對這樣一個市場，你是不是能透過通路陳列或者廣告宣傳觸達這個群體。

比如軍人這個細分市場，這個群體看起來極其細分也極易識別，而且軍人的居住生活非常集中，那你能透過銷售通路觸達軍人嗎？對這個群體來說，除了網路銷售，線下通路是比較難的。

如果你在 20 年前做同志這個細分市場，那這個市場也是極度難以接近，因為那時候網路不發達，中國絕大多數同性戀人群都是隱蔽的，你想找到他們太難了。但是今天這個市場就相對容易接近了，因為有專門的同性交友網站和社群。

再舉一個例子。電商從業者這個群體本身就是一個很細分的市場，他們也有需求，比如對店鋪營運的知識就有很大的需求，那麼怎麼才能找到他們並且向他們傳播這些知識呢？比如，淘寶營運者一般都有淘寶的賣家版，如果你投放訊息流或者其他廣告，就可以直接識別那些手機中有淘寶賣家版 App 的用戶並向他們投放廣告，這就叫作具有可接近性。

如果你選擇的是一個無法接近的細分市場，那這個生意就沒法做了，因為你既沒法向目標客戶進行廣告宣傳，也無法找到通路和他們進行交易。

4. 反應性

所謂反應性，就是要考慮這個細分市場對你推出的產品和宣傳活動的反應。

許多年前曾出現過按照性別區分的飲料，但女性顧客對所謂的女性飲料沒有明顯的偏愛，這就說明這個細分市場的顧客對你的產品價值和宣傳反應性不足，只能說在那個時代女性飲料不是一個好的細分市場。

曾經有個做古風鞋墊的品牌，他們的產品針對的是年輕人，問我怎麼才能進行有效宣傳。

其實這個就非常難，年輕人專門買鞋墊的本來就不多，而且對鞋墊的舒適性需求要大於審美需求，因為鞋墊是放在鞋裡的，根本無法展示。你即使找到了那些喜歡古風的年輕人，他們會為這個產品掏錢嗎？我感覺可能性很小。

當然，顧客的反應與你的產品價值以及宣傳口徑都有關係。我們之前做英國小皮的兒童常溫優酪乳，最初的宣傳主打的是好食材、營養成分等，但媽媽們對此反應一般。後來銷售員的推銷

口徑統一變成「常溫兒童優酪乳對寶寶肚子好」，媽媽們對這個宣傳就相當認可，這說明同一個產品的不同宣傳重點會帶來不同的反應。

如果產品本身對這個細分市場沒有價值，那麼顧客對行銷推廣也就反應冷淡了。比如前面說的家用標籤機，可以幫助家庭主婦進行標籤分類整理，但 99% 的家庭主婦對這個東西是沒有需求的，這就是產品本身提供了目標市場不需要的價值。

幾年前，我還遇到過一個創業者，他們公司是做家用自動塑膠薄膜鞋套的，我認為他們定位的也是一個沒有需求的市場。當時他們送給我一個樣品，我放在家裡半年後就扔掉了。

總而言之，我們要能容易地識別我們的目標顧客，要知道這個市場容量有多大，要知道如何找到他們，還要研究他們對我們行銷活動的反應如何，這才算是做完了一個完整的市場細分動作。你現在可以拿你們的產品定位來試著分析一下。

筆記 10

細分市場案例—— 茶葉市場與老白茶細分品類的經營

　　如果你不能改變一個市場的特性，那麼不如順從它、利用它。

　　2021 年，中國的飲料市場規模在 5000 億元左右，而茶葉市場的規模則在 2200 億元左右（各方數據不是很統一，總體來說在 2000億～3000億元）。

　　飲料市場規模只比茶葉規模大一倍，但你有沒有發現，飲料行業中年銷售額上百億元規模的企業非常多。

　　茶葉市場呢？同樣是一個幾千億元的市場，龍頭品牌規模都不是很大，也沒有什麼上市公司。因為沒有正式財報，只能依據業內人士估算和新聞報導，年銷售額超過 10 億元的茶葉品牌寥寥無幾。即使是號稱年銷售額 300 億元（全球）的立頓，在中國銷售額也沒有那麼大。我找了幾個資訊端，鮮有立頓在中國銷售額的訊息，不過有新聞稱立頓一年在中國銷售超過 20 億包，我

感覺這個數據也是故意玩的文字遊戲。在京東上，我看立頓紅茶茶包的售價，125 包大概賣 60元，也就是每包零售價不到 0.5元。剛才所說的那些茶葉品牌的銷售額，我們統計的還不是零售價，而是品牌的出廠價，也就是說，粗略估算，立頓在中國年銷售額不超過 10 億元。

像茶葉在中國的這種情況，在麥可‧波特的《競爭戰略》一書中，被稱爲分散市場。簡單來說就是行業集中度低，龍頭品牌也占不了多少份額。我們通常用 CRn（Concentration Ratio），也就是行業集中率來表示一個行業的集中度。這個指標指的是一個行業規模最大的前 n 家企業所占的市場份額。

市場分散，也就意味著這個市場中的品牌都不夠強，我們通常把這種品類稱爲弱品類。

我們可以從消費者的角度去思考強勢品類和弱勢品類。

如果消費者想買一件產品時首先想到的是「我要買 ×× 品牌」，那這個品類通常就是一個強勢品類。比如你要買一支手機，你通常在買之前就想好了要買什麼品牌了。

如果你首先想到的是「我要去哪裡買」，那這個品類通常就是一個弱勢品類。比如你要買一條毛巾，你通常在買之前不會想到要買一個什麼品牌，而是首先想到要去哪裡買，比如是在家附近的超市買，還是在京東、淘寶上買。弱勢品類通常會有強勢的

銷售通路。

茶葉就是比較典型的弱勢品類。弱勢品類通常很難創造強勢品牌，這也是沒有特別強的茶葉品牌的原因。

當然弱勢品類也並非恆定不變的，有時候弱勢品類會因為消費者消費觀念的改變、時代的改變、技術的改變等因素產生變化。

經常有人拿中國茶葉品牌與立頓比較，覺得這是我們這個茶葉大國的羞辱。其實這是由不同國家消費者的消費習慣和觀念決定的，並不是中國的茶葉品牌不爭氣。你甚至可以從另一個角度考慮問題：中國的茶葉品牌可以賣到 5000 元甚至 1 萬元一斤，這是 0.5 元一包的立頓紅茶完全無法企及的。

國外消費者喝茶沒那麼講究，而中國的茶文化源遠流長、種類繁多，消費者不可能只喜歡一包立頓紅茶。中國茶葉在烘炒方法、茶葉品類、保存時間等方面有眾多細分，光茶葉品種就有 300 多種，你熟悉的西湖龍井、碧螺春、鐵觀音、黃山毛峰、普洱、大紅袍、太平猴魁等都是，還有普通消費者不太熟悉的半天腰、金紫弦等品類，即使大品類也有紅茶、綠茶、黃茶、白茶、黑茶等這樣的劃分。

消費者的消費習慣、口味偏好迥異，這就讓標準化生產非常難，而標準化是一個品牌大規模生產的前提。

茶葉種類眾多，口味差異非常大，氨基酸、茶多酚、醇類物質等成分的差異造成了不同茶葉的不同口感。消費者有各自的喜好，並不能說綠茶就一定比紅茶口味好，白茶就一定比紅茶口味好。就像北方人喜歡吃麵，南方人喜歡吃米粉，你是沒辦法比較麵和粉哪個更好的。

典型的茶葉消費者通常有多年的品茶經驗，有自己獨特的個人口味偏好，也有自己熟悉的購買通路。他可能會和縣城裡某個茶老闆很熟，也相信這個老闆不會騙他，他如果想要買一包明前茶，這個老闆也許會推薦給他竹葉青的峨眉高山綠茶，也許會透過私人通路拿到從某個茶農那裡直接購買的明前龍井。所以，就這個消費者來說，他買竹葉青、八馬、華祥苑，哪個品牌不重要，他買茶商的私家藏品還是茶農的自家製作也不重要，重要的是這個老闆是他信任的人，他通常就在這個老闆的店裡買。逢年過節，他還可能和這個老闆買茶葉禮盒，也有可能買一些可以存在家裡的古樹普洱或者十年老白茶。

這個消費者買茶葉的途徑，就是中國茶葉消費的一個典型特徵。他買茶葉通常不看品牌，他有自己的口味偏好，他看重通路，而這個通路通常是他信任的。

所以在中國市場上，茶葉品牌要想擴大經營，核心是要獲得每個地方的經銷通路，也就是當地那些經營多年、擁有眾多銷售

途徑的茶葉店老闆。這些茶葉店老闆開一個茶莊，自然客流並不是他獲客的核心方式。他的客源是基於多年經營積累下的各種老客戶和資源關係，老客戶信任他，買什麼都會從他這裡買。他還有一些企業類的資源關係，這些客源在逢年過節可以直接從他這裡採購員工福利或者客戶禮品，這也是他最重要的行銷資源。

從 4P 角度看，茶葉行銷中的通路非常關鍵，有了各種經銷通路，才可能把茶葉賣出去。當然也有一些茶葉品牌是依靠自建通路經營，也有一些品牌兩者兼有。

消費者不會指名購買，那茶葉品牌怎麼經營才能更有效率？

有一個叫御茶園的茶葉品牌，它的經營邏輯就是順應茶行業的特點和消費者的行為特徵制定相應的經營活動，獲得了更高的回報。

我們剛才說過茶行業的消費特點。典型的茶葉消費者通常會認定固有的通路和個人，每一個茶葉店老闆都形成了一種極其傳統的「私域流量」，他們掌握著大部分的通路流量。因為這些茶葉店老闆並不依賴茶葉品牌，所以茶葉品牌開發這些茶葉店老闆的通路能力是有限的，也就很難擴大規模。

在這種情況下，品牌只有三種選擇。一種是努力找到新的通路，比如線上；或者自己做私域流量，但目前各個品牌的探索並

不是很成功。另一種是努力拓展傳統通路，正如前文所述，這個也很難，似乎有個極限值。還有一種，就是乾脆認命。

御茶園就是在第三種情況下，想辦法擴大業務量。

儘管知道傳統茶葉的拓展通路有限，但御茶園還是和同行一樣，努力拓展傳統通路。既然他們知道這種方法有上限，所以就努力在能擴展的通路範圍內讓消費者「消費更多」，也就是提高單個消費者的終生價值。

數量上不去，那是不是可以提高單價呢？答案是可以。

御茶園很早就認準了只做那些價值相對較高且能保值升值的老白茶。綠茶不好做，因為綠茶保質期只有一年，囤了貨賣不出去貨值就會歸零。但老白茶越放越貴，不怕庫存，單價還高，這就提升了每個客戶的客單價和終生價值。

所謂消費者的終生價值，就是這個消費者一輩子會在這個品牌上消費多少錢。終生價值取決於商品的單價和終生消費量。比如可口可樂，雖然單瓶價格低，但是顧客可能每天一瓶且喝一輩子，消費數量巨大。再比如瓷磚產品，消費者可能一生只買一次，但是單次消費價格非常高，一般在幾萬元到幾十萬元。

消費者不僅要買茶，還需要茶具，所以御茶園不僅開發茶葉，還開發各種茶具，比如它和汝窯合作定制研發的各種茶器，一支小小的建盞杯就要幾千元，還有其他各種各樣的煮茶器具。

資深茶客都擁有比較穩定的需求、口味偏好和欣賞趣味，對茶葉、茶器以及送禮的茶品都有持續的需求，御茶園就是做這種資深茶客的生意。御茶園不是做寬泛的經營，而是深入一個顧客群體，提供他們需要的、高級的產品。

商業經營總有邊界。在承認有邊界的情況下，你也可以選擇在一個範圍內做得更好、更精、更高。

中國近幾年確實有不少在茶葉領域探索的新品牌，但它們的思路其實是想「改造」或者「顛覆」茶葉行業的局限，當然成功了確實很好，可是失敗的機率也極高。因為這麼多年積累下的行業問題以及固有的消費者習慣，很難在短時間內改變。

那麼，順應消費者的習慣和這個行業的特殊條件，像御茶園這樣的經營思路，未嘗不是一個好的方向。

筆記 11

為顧客創造價值是產品的本質

把一個爛產品賣出好價格只是一種推銷術，甚至是騙術，在我的行銷世界觀中不存在這樣的想法。沒有好產品，我也不懂得怎麼行銷。

只要進行商業活動就需要有產品，如果沒有產品，你的商業活動就無從談起。因為商業活動的本質是交易，交易就要有交易物，這個交易物就是你的產品。

你可能會想，有些做生意的人並沒有產品，比如我的老家山東省青州市黃樓鎮是江北著名的花卉之鄉，以前訊息不發達的時候，當地許多人做花卉經紀人，他們的主要工作是把買花的客戶和賣花的花農撮合起來，賺取仲介費。

他們有產品嗎？當然有，這種花卉經紀人的產品就是「資訊仲介服務」，這本質上與鏈家的房產仲介提供的是同一種服務。如果沒有這種經紀人，買方和賣方都要花大量時間和精力去尋找合適的交易對象。他們提供的是一種服務，本質上也是產品。

　　所以產品其實是一個廣義的概念，凡是可以爲顧客創造價值的、滿足顧客需求並可以進行交易和消費的東西都可以叫作產品。一輛汽車、一瓶飲料、一本書、一支手機是產品，理髮店爲你提供的理髮服務，行銷公司提供的諮詢服務，動物園提供的遊樂服務，電信公司提供的通信服務等也都算產品，甚至 QQ、微信、抖音、遊戲等也算一種產品。還有一種獨特的產品，那就是觀念和思想，比如世界自然基金會（簡稱 WWF）做大量的傳播來推銷其「保護野生動物」的思想和觀念。當然，大量的非營利性組織都有屬於自己的觀念要推銷。

　　既然要做行銷，你首先就要有一個「產品」可以賣，那麼你要賣的這個產品本質是什麼呢？你賣的其實是顧客的需求。當顧客有某種需求而且無法免費獲得的時候，你提供的產品才會有價值。比如顧客有呼吸的需求，但空氣是免費的，他可以免費獲得，你就沒辦法透過提供普通空氣來滿足顧客的需求，你也無法以此來營利。

　　但是，顧客的需求可能會提升，比如有霧霾的時候，他想呼吸乾淨一些的空氣，你就可以提供空氣清淨機、室內新風系統、防霧霾口罩，這些產品都可以滿足顧客的需求。你也可以想想，除了這幾種產品，還有什麼能滿足顧客「呼吸乾淨空氣」的需求？比如，你可以向他推銷海南的房子，也可以提供中短期的海

外居住服務，還有可能提供每周末從北京接送顧客到三亞度假的服務，等等。

所以，即使是同樣的需求，也可以用不同的產品來滿足，你一定要深刻理解顧客需求的本質，才能設計出更好地滿足顧客需求的產品。

比如顧客買泡麵，他真正的需求其實不是要吃一包泡麵，而是用一種簡單快捷的方式解決一頓飯。泡麵是一種解決方案，冷凍餃子是一種解決方案，外賣其實也是一種解決方案。所以在外賣興起後，中國的泡麵市場規模就開始萎縮了。你越是能深刻理解顧客的需求，就越能夠設計出更好地滿足顧客的產品，你的產品就越有競爭力，賣得越多。

當然，需求也是有不同層次的。如果人只需要活著就行，那我們連衣服都不需要穿，每天吃一點糧食就足夠了，但實際情況不是這樣，即使吃飯這樣一個基本需求，顧客也有許多要求。

比如一個山東人，他為了維持生存需要吃飯，但在米粉和大餅之間，他可能更傾向選擇大餅，因為大餅更符合他的口味，即使米粉和大餅都能提供生存需要的熱量。所以，只要稍微有一些經濟基礎，顧客都會考慮更高的需求。如果顧客有了一定的經濟實力，他就不會只考慮米粉和大餅的事，還會考慮好不好吃、有沒有營養、環境怎麼樣、距離近不近、服務好不好、價位與自己

身分是不是符合等多種因素，他的需求層次就會逐漸提升，從基本生存需求過渡到舒適、安全、身分和社會認同的層次上去。你可能也看出來了，這其實就是馬斯洛的需求層次理論。馬斯洛的需求層次理論認為，人的需求從低到高依次分為生理需求、安全需求、社交需求、尊重需求和自我實現的需求。

凱文‧萊恩‧凱勒教授的《戰略品牌管理》一書就提出了消費者需求的主要類型，我借用這個分析結構講一下。

一是功能性需求。功能性需求是最底層的需求，是顧客購買商品的最基本動機，比如生理需求和安全方面的需求。我們說產品的基本功能，往往就是滿足這種需求的。比如洗髮精，它的基本功能就是去除頭皮屑和油脂，使頭髮與頭皮保持清潔和健康，給頭髮提供滋養和保護。

二是體驗性需求。產品的體驗性需求是滿足感官的享受或者心理、情感的愉悅。比如，洗髮精的體驗性價值一般包括它的香味、泡沫以及產品帶來的清潔後效果。我們曾經給客戶（立白集團的母嬰用品品牌嬰元素）做過一款兒童慕斯沐浴露，它有個很好玩的特點，就是小孩在洗澡的時候，可以把慕斯沐浴露先擠出來，像橡皮泥一樣玩「堆雪人」的遊戲，因為這個慕斯沐浴露是可塑形的。小孩一般不喜歡洗澡，這種體驗性的功能能讓他們愛上洗澡。

還有一種體驗性需求是心理和情感的需求。產品的情感屬性是指客戶因為從產品中獲取正面感覺而獲得的衍生價值。洗泡泡浴時的新奇和舒適，安靜的咖啡店中獨自閱讀的寧靜體驗，觀看長隆大馬戲表演時的興奮和新奇感，密室逃脫中的恐怖和智力體驗，入住希爾頓酒店時的愉悅和安心，駕駛哈雷機車時那種原始野性的釋放，在《和平精英》遊戲中感受到的緊張刺激與擊斃對手的快感，在採耳店採耳時享受到的放鬆與愜意，都是顧客獲得的一種情感上的好處。產品或服務如果能設計出一種激發客戶情緒的東西，那顧客的支付意願就會顯著提升。

三是象徵性需求。象徵性價值用於滿足消費者的內心或者精神層面的需求，如自我滿足、角色地位、成員資格、社會認同或者自我識別等。消費者會對品牌的威望、排他性和時尚賦予價值，因為它和消費者的自我概念具有關聯。還是用洗髮精來舉例，假設一個洗髮精品牌叫「巴黎」，它一直在宣揚這個品牌是為世界上最有魅力的女性設計的，而它在日常宣傳中選用的代言人都是著名的、極具魅力的女星，某些社會知名女性也在公開場合說自己會使用這個品牌的洗髮精。透過這種宣傳活動和實際表現，整個社會會形成一種觀念：那些最有魅力的女性都使用這個品牌的洗髮精。當這種觀念形成之後，那些認為自己屬「極具魅力」或者希望自己「極具魅力」的女性用戶，就會傾向於使用

「巴黎」牌洗髮精。她們也更容易在社交網路或者朋友中宣稱使用的是「巴黎」洗髮精，而且還會向朋友介紹和推薦這款洗髮精。

其實從功能角度看，其他品牌可以做出與「巴黎」一模一樣的洗髮精，但因爲全社會形成了這樣一種共識，「巴黎」洗髮精就具備了一種象徵性價值，這也是使用「巴黎」洗髮精顧客的一種獨特需求。 1920 年，著名的福特 T 型汽車銷量大增，但 T 型車幾乎是一模一樣的。大眾消費市場開始出現疲軟趨向，加上交通道路的全面改善，消費者開始被「精英路線」吸引。人們已經不滿足於 T 型車基本的出行功能和可靠性（安全出行、平安回家），他們開始渴望高性能的汽車給出行帶來的輕鬆、舒適和快樂，希望體驗汽車能夠做到的一切，至少有一種像騎在馬上那樣的自豪與愉悅。當時的《財富》雜誌認爲，「T 型車是不錯，但它根本不能滿足人們擁有汽車的自豪感」。

這意味著當時的汽車消費者不再滿足於基本的功能性需求，而開始追求體驗性需求（輕鬆、舒適、空間大）以及象徵性需求（自豪感、等級和地位）。

一個品牌的產品，究竟能象徵什麼？

這種象徵性有可能是品牌刻意塑造的，比如De Beers就透過廣告和宣傳讓鑽石成爲忠貞愛情的象徵；也有可能是社會形成的

一種集體認同，比如茅台酒，它讓全社會產生了極其統一的社會認同，認爲茅台就是中國最高端的白酒。

我想提醒一下，從企業視角出發和從顧客視角出發看待產品是非常不同的。

對企業來說，設計產品就是設計功能，設計給顧客提供的利益，但從顧客角度看，產品就是在滿足自己的需求。有些顧客的需求一看即知，比如那些簡單的功能性需求；有些顧客的需求則隱祕得多，比如體驗性和象徵性需求，有時候你甚至都搞不明白顧客需要什麼樣的體驗和象徵。

爲什麼有些產品你也說不出它究竟好在哪裡，但就是讓你用著特別舒服，而有些產品看起來不錯，用起來卻總是有點彆扭？下一篇筆記，我和你聊聊產品設計的話題。

筆記 12

用戶需求是商業的起點

　　我們並不是在給自己開發產品，而是在為顧客開發產品，你不能用自己的想法綁架顧客。

　　如果讓你設計一把兒童牙刷，需要非常適合兒童使用。和成人牙刷相比，你想到的第一個不同特點是什麼？

　　IDEO 是一家全球創新設計公司，他們非常善於根據真實情境進行設計，北京的華潤鳳凰匯購物中心就是他們參與設計改造的成果。IDEO 曾經幫某家公司重新設計了一款兒童牙刷，這就是我剛才問你的問題。我相信你和其他人直觀的想法一樣，因為兒童的手比較小，那兒童牙刷也應該做得比大人的牙刷小一些才對。這是一個很正常的思考邏輯，但問題是，你不是小孩兒，你可能早就忘記小時候是怎麼刷牙的了。

　　IDEO 的設計人員沒有採用這種直觀的想法，他們的做法是直接到顧客家裡去觀察孩子都是怎麼刷牙的。透過實地觀察，IDEO 的設計人員發現原來孩子刷牙和大人特別不一樣。成年人

通常是用幾個手指拿著牙刷刷牙，但孩子們的手指力量不夠，也沒有大人的手指那麼靈活，他們刷牙的時候，是用整個手掌握住牙刷柄去刷牙。

有了這個發現，IDEO 的設計人員就獲得了顧客的眞實需求，他們設計的兒童牙刷的手柄比大人的牙刷反倒更大更厚一些，這個設計看起來有點反直覺。

IDEO 設計公司還曾經幫客戶重新設計過一個病房。當然，他們的設計同樣出人意料卻在情理之中，因爲他們經過對住院病人的觀察之後，決定重點對病房的天花板進行裝修設計。

聽完這兩個案例，你是不是對顧客需求這個概念有一點不同的認知了？

每當我和別人講產品設計其實就是滿足顧客需求的時候，我相信 99% 的人認爲自己聽懂了，但在眞正洞察顧客需求的時候，他們卻犯了一個又一個看起來極其低級的錯誤。奇怪的是，他們並不是不聰明，甚至在過去取得過很大的成就，但在做產品設計時卻依然會犯一些低級錯誤。

爲什麼會發生這種情況呢？心理學上有個名詞叫作「孕婦效應」，簡單來說，就是當你懷孕或者家裡有人懷孕的時候，你會看到大街上到處都是孕婦。還有一個類似的效應叫作「觀察者偏差」，就是人們如果對某件事有一個預設的判斷，那麼他就傾向

於認為世界或者別人就是這樣的,他對許多反面的證據也會視若無睹。孕婦效應會讓我們覺得別人和自己的行為習慣是一樣的,而觀察者偏差又會導致我們強化這種認識,並且會找到許多證據來證明自己是對的,結果就是我們在錯誤的路上越走越遠。

比如過去 20 年來(本書的寫作日期是 2021 年),我就不斷聽身邊朋友說想開一家咖啡店,他們有一個共同的特點:都很喜歡喝咖啡。由於孕婦效應,這些人會覺得中國有很多人喜歡喝咖啡;由於觀察者偏差,他們會找到各種證據證明確實有許多人喜歡喝咖啡。但過去 20 年來,我見過朋友開的咖啡店一個一個都倒閉了,因為中國喝咖啡的人數其實並沒有那麼多。

所以當需要洞察顧客需求的時候,要以客觀的數據、實際的觀察和事實為準,任何猜測和理論都需要事實的檢驗。當事實與理論和預測違背的時候,當然是事實最重要,比如小孩子的牙刷設計。

我這裡說的事實,不僅僅是用來驗證你設計產品的理念,即使是在顧客中做視察,也應該以客觀事實為基礎。所以顧客的行為大於顧客的回答,因為顧客的表達本身也可能會騙人。如果你問一個顧客: 「你會不會喜歡更健康的食物?」幾乎每個人都會回答他們喜歡更健康的食物,但是當你邀請他們來吃一頓自助餐的時候,你會發現大部分人更喜歡拿油炸食品、甜點、飲料、

冰淇淋等食物，蔬菜沙拉被拿到的機率很小。

顧客認爲應該吃健康食品，但顧客更喜歡好吃的食品，這才是顧客的眞實需求。在發掘顧客需求的路上，每個品牌都有很長的路要走。

我們在思考顧客需求的時候，需要考慮兩件事：一個是顧客需求的層次，另一個是顧客滿足需求的過程。

顧客的需求層次，對應了前面我們講的產品的幾種價值，即功能性價值、體驗性價值和象徵性價值。

比如顧客去一間理髮店，最基本的需求就是理髮，但是這家店的髮型設計水準、服務體驗、環境舒適度、意外驚喜等就是體驗性需求。如果這家理髮店是全城最著名的理髮店，有最知名的髮型師，那麼來這裡做頭髮還能獲得一種身分和地位的象徵。就像釣魚臺國賓館或者米其林三星餐廳一樣，在這些地方吃飯還有一種內心欲望的滿足、身份象徵的需求。

功能性需求可以透過產品設計來完成，體驗性需求，也可以透過關注顧客使用中的感官體驗、心理體驗、情緒體驗來進行設計，這都是相對好解決的問題。但象徵性需求，本質上不能完全靠獨立的設計完成。因爲具有象徵性（身分、階層、品味等），它的基礎是來自社會的認同和共識，只有形成共識，才具有象徵性。

　　而社會認同和共識的形成，就有許多不可控或者不可複製的因素。比如茅台的歷史和社會地位，路易威登爲法國皇室和貴族提供的服務，百達翡麗的歷史和地位，這些都是很難複製的。品牌只有經過自身努力和漫長的時間沉澱，才有可能形成一種社會認同。

　　還有一個需要關注的是顧客滿足需求的過程。顧客的需求看起來是一個需求，本質上則是一系列的事件。

　　比如顧客想要一個瓦斯爐煮飯燒荣，這是一個很具體的需求。但要想滿足這個需求，就會發生購買、送貨、收貨、安裝、長時間使用、售後維修、更換電池等一系列事件。在這一系列事件中，你如何讓顧客的感受更好、更方便、更舒適，就不僅僅是煮飯燒荣這一個需求了。

　　比如購買，大體有兩種通路，即線上和線下。線上的展示，能不能讓顧客更容易瞭解瓦斯爐的最主要特點；線下店，你的銷售網點是不是足夠方便。再比如使用體驗，瓦斯爐的使用會遇到一系列問題，例如是否容易點火；電池更換是否方便；如果忘記關瓦斯爐，會不會有乾燒自動報警和斷火功能、灶臺火焰大小調節是不是更科學、有沒有防煤氣外洩功能、灶臺設計是不是現代化、灶臺檯面是否方便清潔、售後服務電話能不能順利打通、服務人員態度怎麼樣、維修是否便捷等等。

可以說，圍繞著燒菜煮飯這個需求，會延伸出一系列的使用體驗問題。品牌只有在這一系列事件中設計更好的體驗，才能讓客戶更認同你的產品，也能自願成為產品再傳播的推銷員。

所以，產品就是行銷的根基。

用戶使用中的體驗，來自我們對用戶使用環境和場景的洞察。產品設計者只有從用戶的視角去觀察用戶，才能讓用戶在滿足需求過程的一系列事件中都產生美好的體驗。

說到用戶的使用體驗，其實中國的大部分軟體和應用的用戶體驗在全世界是領先的。你可以對比一下亞馬遜和京東、淘寶的購物體驗，亞馬遜的產品頁展示、購買流程還是挺讓人崩潰的。有一次，我們公司的合夥人和我說，他的 Office 辦公軟體到期了，他想在微軟官網續費，結果用了一個小時都沒有搞懂怎麼付費，然後他決定放棄，下載了免費的金山 WPS 辦公軟體。微軟的 Office 使用體驗確實好，但是付費體驗至少在中國是比想像中複雜太多了，複雜到讓顧客放棄了支付和使用。

QQ 早期是模仿國外的即時通信軟體 ICQ。ICQ 是一款用戶之間可以互相聊天、發送文字訊息以及文件的軟體。當時在網路的「通信」方式上，ICQ 可以說是很大的創新，因為早期的網路用戶要想互相聯繫只能透過 BBS（網路論壇）和郵件。ICQ 這種能隨時發送消息的軟體一出來，用戶的使用體驗是有很大提升

的。

　　QQ 最早就叫 OICQ，但是馬化騰在做這款軟體的時候，進行了幾個重要的小創新，而這幾個創新，讓當時的用戶體驗得到了極大提升。

　　我剛才說，用戶的需求不是瞬間的，而是過程中發生的一系列事件。那當時的 QQ 用戶使用 QQ 時，會發生什麼事件呢？

　　今天的讀者可能想像不到，在1998 年的中國，個人電腦普及率非常低，全國只有幾百萬網民，絕大部分人都是去網吧上網的。 ICQ 是把用戶聊天內容和好友名單都存在用戶電腦中，中國用戶需要不斷切換電腦上線，如果在一臺新的電腦上線 QQ，那過去的聊天記錄和好友列表就會消失。這個事件就發生在用戶的使用過程中，體驗非常糟糕。當時其他在做同類即時通信軟體的公司並沒有意識到這個使用體驗問題，但馬化騰的團隊發現了。

　　騰訊把聊天內容和好友列表做成線上儲存，就解決了這個問題。解決這個問題的技術難度並不大，但對用戶使用體驗的改善卻非常顯著。

　　彼時中國的網路速度也非常慢，許多寬頻網速是以 KB（千位元組）來計算，當時一個 3~5MB（兆位元組）大小的應用（相當於目前普通手機一張照片的大小），下載就需要幾十分

鐘。下載並安裝完一個通信軟體，這裡聊完再換到別的電腦上聊，還要重新下載，這個下載體驗讓用戶非常難受。下載，也是滿足用戶需求過程中的一個事件。

當時的騰訊團隊把整個 QQ 軟體的大小控制到了 22KB，用戶下載時間從幾十分鐘縮短到 5 分鐘，整個體驗相對其他通信軟體來說是一個數量級的改變。

你看，一個 QQ 聊天軟體，雖然滿足的是用戶在線即時聊天的需求，但整個需求的滿足產生了一系列事件。比如 QQ 軟體需要考慮用戶下載、註冊、取名、聊天記錄保存和刪除、加好友、好友分類、刪除軟體、傳輸文件、切換用戶登錄等一系列事件，每一個事件都要處理好用戶體驗，哪個環節出了問題，都會嚴重影響用戶需求的滿足和體驗。

顧客買一把電動刮鬍刀，本質的需求是要刮鬍子，所以當你設計電動刮鬍刀的時候，首先要讓顧客能把鬍子刮乾淨，這是顧客的本質需求。可是顧客在使用電動刮鬍刀刮鬍子的時候，電池經常會沒電，而臨時買一顆電池又很麻煩，這就是「需求滿足過程中的一個事件發生了」。對這個事件，你有幾種解決方案，比如你可以設計一個電量提醒，讓顧客在沒電之前做好準備；你也可以把刮鬍刀設計成充電式的，這樣顧客在刮鬍刀沒電的時候就不用出去買電池，而是直接充電就好了；你還可以使用更耐用的

充電電池，這樣顧客充一次電的使用時間就增加了。

顧客刮完鬍子後清潔刮鬍刀也很不方便，所以你要設計一個清潔刮鬍刀的工具附贈給顧客。當然還有另一種方法，就是設計一款防水的刮鬍刀，這樣顧客就可以直接用流動水清潔刮鬍刀了，而且還解決了顧客洗澡的時候想刮鬍子的問題。

最近我購買了一個叫「有色」的迷你電動刮鬍刀。除了外觀設計比較炫酷，它還洞察到了用戶使用中的一個痛點。用戶在清潔刮鬍刀的時候，需要把刮鬍刀的刀頭卸下來，我見到的旋轉式刀頭，卸下來基本上都是七零八落的，再裝回去很麻煩。有色的這款刮鬍刀，透過磁鐵吸附的刀頭以及工業結構的設計，讓刀頭裝卸模塊化，簡單方便了很多。另外它的體積非常小，大概僅有一個 Zippo 打火機那麼大，非常方便出差攜帶。當然它也有一定的缺點，主要是動力不太夠，如果鬍子太過茂密粗硬，用起來就不那麼好了。

香港有一種老牌的治療跌打損傷的藥油——虎油。虎油治療跌打損傷效果很不錯，但銷量卻一直不慍不火。虎油確實能滿足顧客的一個需求——治療跌打損傷，但很多顧客即使有跌打損傷也不會去用虎油，這是怎麼回事呢？

因為顧客在使用過程中的一些細節讓顧客放棄了虎油。

虎油是液體，你要是使用這種液體的跌打損傷油，必須使用

棉球才能控制用量，否則就會流得到處都是，沾到衣服上還很難清洗。而且虎油的味道還很難聞，年輕的女性顧客即使有一點傷痛，也不願意塗抹虎油。

另外，香港的遊客非常多，虎油算是香港的土特產之一，外地遊客很想帶這種藥回家，飛機上卻禁止攜帶這種有味道的藥物。遊客要把虎油帶到遠方，就需要乘坐飛機，但原來的虎油不能解決這個問題。

香港的虎油生產商對這些問題毫不在意，虎油的銷量也就長時間停滯不前。於是，另一家日本公司就此發現了一個商機，這家公司開發了一款軟膏式的虎油。它的形態像牙膏一樣，使用時只要取一點膏體塗抹在損傷部位即可，不用再擔心藥油弄得到處都是。而且固態藥膏的揮發性比液體低很多，氣味也就弱很多，所以能帶上飛機，女性也不介意使用這種治療跌打損傷的藥膏了。這種虎油藥膏推出之後，市場銷量比原來的虎油多了很多倍。

我為什麼不厭其煩地講用戶需求呢？因為它太重要了。用戶需求是商業的起點，有了需求，才會有產品；有了產品，才會產生交易；有了交易，才會有商業；有了商業，才會有行銷。需求是產品的本質，而產品是一切行銷的起點。接下來，我們會繼續討論用戶需求這個話題。

筆記 13

焦糖布丁理論與用戶的真實

顧客並不是想擁有一件商品，他們只是想讓這件商品幫他們完成一個任務。

顧客購買一件商品的時候，他究竟想要的是什麼？

表面上看，他就是想得到這件商品，比如當他買了一輛勞斯萊斯或者一支勞力士腕表的時候，他確實是想擁有一輛勞斯萊斯和一支勞力士。但如果一個顧客買了一包紙尿褲，他真的是想擁有一包紙尿褲嗎？

這裡就涉及一個概念：顧客購買一件商品的目的。其實顧客購買一件商品，本質上是想讓這件商品幫他完成一項任務，而不是為了擁有這件商品。

紙尿褲我們很容易理解，顧客使用紙尿褲就是為了完成照顧小孩子排泄的任務。但對勞力士來說，難道顧客不是想擁有一支勞力士嗎？本質上，這也是一項任務。當然每個人購買勞力士的出發點可能不太一樣，有的顧客購買勞力士確實是想隨時知道時

間，而有些顧客則是爲了傳達一個信號，彰顯他的個人身分，還有些顧客要完成的任務是達成圈子的認同。

所以，顧客購買一件商品其實是「顧客在雇用一個商品來完成他的任務」，要想銷售商品，你就要對顧客需要完成的任務認眞研究。

克萊頓・克里斯坦森（Clayton Magleby Christensen）被譽爲「創新之父」，他的《創新者的窘境》被列入「20世紀最具影響力的20本商業圖書」之一。這本書的核心理論就是顛覆式創新理論，在書中，克里斯坦森提出了一個問題：在新一代產品創新的交界點上，爲什麼強大的企業在與新興企業的競爭中更容易失敗？克里斯坦森後來強調，在創新這件事上，不管是大企業還是新興企業，其實成功率都不高，因爲在產品創新這件事上幾乎沒有可靠的方法論，大家只能儘量推進，然後把成功交給運氣。尼爾森公司2012-2016年發布的《突破創新報告》中評估了2萬多種新產品，其中只有92種在上市第一年的銷售額超過5000萬美元並在第二年維持了這個銷量。如果這算是創新成功的標準，那成功率還不到0.5%。

爲了探索這個問題的解決方案，克里斯坦森後來又寫了一本書，書名叫《與運氣競爭》，書中結合了他的教學和諮詢實踐以及對大量創新產品設計的觀察。

在這本書裡，克里斯坦森提出了一個關鍵理論——「需要完成的任務」（jobs to be done，JTBD），你也可以把它譯為「待辦任務」，我們也有人根據 JTBD 模型將之稱為「焦糖布丁」理論。

就像我剛才說的，這個理論的核心思想是：顧客購買一件商品，並不是想擁有這件商品，而是想「雇用」這件商品幫他完成一個現實世界中的任務。所以我們在設計產品的時候，創新的聚焦點要從產品本身轉移到對用戶行為的深層理解上來。最重要的是洞察到顧客想要完成的任務是什麼，產品設計時就是要幫助顧客更好地完成這個任務。當你找到了顧客的真實任務，你的成功機率就會大大提升。焦糖布丁理論的第一個核心要素，首先是要找到顧客購買行為背後的真實動機，也就是顧客的任務。比如都是去買一杯奶茶，有人可能是想把奶茶作為晚餐的代餐，有人則是需要解渴，還有人是因為想買奶茶解饞，他們的任務各不相同。

當你去思考顧客任務的時候，開發產品的思路也就完全不一樣了。「顧客並不需要一個 1/4 英寸的鑽頭，他只是需要一個 1/4 英寸的洞」，如果只專注鑽頭，那你就不可能給顧客提供更好的解決方案，比如提供上門打洞服務。

鑽頭只是產品，打洞才是任務。

　　焦糖布丁理論還能幫你有效識別眞正的競爭對手。當你搞清楚了用戶的眞實任務，你才能理解自己眞正的競爭對手是誰。我們過去在分析競爭狀況時往往是把同類公司的同類產品拿來做競品分析，就像可口可樂與百事可樂、瑞幸（luckin coffee）與星巴克、賓士與BMW等，但這種分析方法其實有很大問題。如果從用戶待辦任務的視角出發，那麼看起來完全不同的兩種產品也可能是競爭對手。

　　比如，傳統上我們認爲康師傅泡麵最大的競爭對手是統一。可是由於外賣的興起，泡麵市場竟然神奇地出現了萎縮，後來大家才明白，顧客買泡麵和點外賣，都是爲了完成同樣的任務：快速方便地解決一頓飯。如果一個顧客想在高鐵上吃一頓簡便的午餐，他可能就需要一碗泡麵，外賣這時就沒法和泡麵競爭，可是泡麵同樣還有火腿、高鐵餐車、麵包、餅乾等競爭對手。

　　搞清楚顧客的任務，明白了你的競爭對手，接下來就是產品創新的重點問題：創新要從以產品爲中心的角度轉到以任務爲中心的思路上來。

　　到今天爲止，IKEA是世界上最賺錢的公司之一，IKEA的所有者英格瓦・坎普拉（Feodor Ingvar Kamprad）也是世界上最富有的人之一。但是IKEA出售的家具品質一般，用過IKEA家具的朋友可能深有體會，搬一次家就可能把這些家具弄壞，而且還需

要你自己去庫房找家具、搬回家、組裝。這看起來是個挺「爛」的商品，爲什麼卻幫IKEA賺到那麼多錢呢？

我們回到IKEA創辦的年代，就會發現是IKEA率先發現了顧客的某個任務，而這個任務是其他傳統家具店的商品沒法完成的。

想像你在那 20世紀中期的美國，你搬到一座新城市，租完房子之後要去家具店選購家具。你看好了款式，家具店告訴你，他們將按照你訂購的款式儘快製作，不過要等一兩個月的時間才行。

也許這個家具店的家具品質要比IKEA好很多，服務員笑容可掬、無微不至、講解詳細，還能提供送貨上門和組裝服務（而這些IKEA都沒有）。可是你已經搬到了新家，家裡還沒有床，甚至連沙發都沒有，你打算在接下來一個月的時間裡睡在哪裡呢？這就是你需要完成的任務，而此前沒有一個家具店能幫你完成它。

現在，當你拉著行李搬到了一座新城市，你可以立刻跑到IKEA去。IKEA的選址通常離市區很遠，但沒關係，那裡有充足的停車位。IKEA 也沒什麼服務員給你詳細介紹產品，不過它豐富的展示可以讓你一眼就知道需要什麼家具。你要自己帶著鉛筆和清單紙記下你想要哪個編號的家具，還要自己到庫房去尋找它

們。如果你帶著小孩，IKEA會幫你照顧孩子。IKEA的家具全是板材組裝，所以運輸和儲存都不占地方。你把這一車板材拉回家，只需要照著說明書去工作，你就會在當天擁有想要的所有家具。

IKEA發現了顧客的任務，並創造性地提供了關於這個任務的解決方案，這是IKEA早期發展的核心動力。

這裡我要提醒一下，顧客的真實需求和顧客的購買其實不是完全相同的。顧客產生購買行為，也許並不是基於一個需求，有時候純粹是因為他以為自己有這樣的需求，或者僅僅是因為降價促銷他才有購物的動機而已，這個時候商品是什麼已經不太重要了。

舉幾個例子體會一下：

- 你深夜路過地鐵口，發現一位老奶奶在賣玉米，你可能並不需要玉米，但你比較心疼老奶奶，所以你就買了三根玉米。

- 你在逛淘寶，偶爾進了某主播的直播間，發現他在叫賣一款很便宜的果汁機，可能你並不需要這個果汁機，可你覺得太便宜了，不買覺得有點虧，所以你就買了一個。到貨之後你從來都沒有用過這個果汁機，最後在閒魚[10]上把它

10　編注：閒魚是中國最大的二手物品交易平臺。

賣了。

- 有個做直銷的銷售員，他天天去看一個老爺爺，陪他聊天、散步、談心。後來他推銷給老爺爺一個保健按摩椅，也許這個老爺爺並不需要，但因爲老爺爺覺得這個銷售員很親切，又天天陪他，比自己的孩子都有耐心，雖然這個按摩椅很貴，但他還是決定買了。

我們再說回「待辦任務」這件事。

在探尋顧客眞實任務的時候，你還要考慮你爲顧客設計的任務解決方案能不能順利進行。因爲你提供了一個看似完美的解決方案，其實在實施過程中卻常常遇到意想不到的問題。我剛才講過在顧客需求滿足的過程中會發生一系列事件，這些事件能不能順利推進呢？

寶僑公司曾經在非洲推出了一款兒童洗手液，這款兒童洗手液有一個帶有公益性質的任務：非洲兒童的死亡率很高，其中一個原因就是他們不洗手，即使洗了手也沒法完全殺滅細菌，因爲洗手液本身清潔力不夠。

寶僑爲此設計的洗手液很厲害，它能清除並殺滅孩子手上絕大部分的細菌。但寶僑推出這款洗手液之後，效果並不怎麼樣，那些使用了洗手液的孩子依然會感染細菌和病毒。寶僑公司對此進行了調查，他們發現，原來小孩子在使用這款洗手液的時候，

他們搓洗的時間沒有達到 15 秒，如果達不到這個時間是沒有殺菌效果的。

所以你以爲你完成了顧客想要完成的任務，其實並沒有。就像一個戰略，如果我們只是提出了一個戰略，但無法在現實世界中執行，那這就不是一個眞正的戰略。

後來寶僑公司想出了一個辦法，他們在這款洗手液中加入了一種物質，當孩子揉搓洗手液的時候，泡沫的顏色就會發生變化，15 秒後泡沫的顏色就會從白色變成藍色。所以設計產品不僅要解決功能問題，還要解決使用問題，因爲一個任務要完成，需要一系列的現實條件。你不僅要提供能完成任務的產品，還要協助顧客讓他們具備解決任務的所有現實條件。

客戶的任務是隨時間演變的，產品的創新也需要不斷演變，要時刻從任務的角度審視你的產品。要想保持競爭優勢，不妨時常問自己如下幾個問題：

- 顧客的任務有沒有發生改變？是消失了，還是改變了？
- 完成顧客的任務有沒有更好的解決方案？
- 顧客有沒有什麼新的任務？有沒有你的機會？
- 當你爲顧客的任務提供了解決方案，顧客在實施時會遇到新的問題嗎？你有沒有準備好備用的解決方案？

筆記 14

焦糖布丁理論案例——生日蛋糕陷阱

生日蛋糕，真的是蛋糕嗎？

閱讀之前，請你先花一分鐘時間思考一個問題：顧客購買生日蛋糕要完成的任務是什麼？

2017 年年底，一個已經服務兩年的客戶找到小馬宋，說他們想做生日蛋糕這個品類。這個客戶此前在惠州經營著上百家便利店，還有惠州排名第一的美甲連鎖店，但從沒有做生日蛋糕的經驗。

我很好奇，問他為什麼要做生日蛋糕。他說有個品牌的蛋糕進入惠州增長很快，他覺得自己完全可以做得比它好。我覺得這個理由很牽強，但這個老闆和我說的時候，已經聘請了一個五星級酒店的大廚和一個食品廠的生產廠長，蛋糕工廠也已經在建設中了，而且品牌名字已經註冊，叫「熊貓不走」。所以我沒辦法勸他放棄，只好硬著頭皮為他設計行銷策略。

這個案例真的是從零開始，所以早期我們做梳理工作的時

候，沒有特別多企業經營的資料可以參照。熊貓不走蛋糕的特點是用料更好、更美味，而熊貓不走團隊的作風是想到了就直接做──一個月後蛋糕就要上市，廣告位都已經買好了。所以早期我們測試性地用了一句廣告語：送給重要的人，當然要送更好的蛋糕。

幾個月之後，我們復盤這段時間的經營狀況，雖然有一定的成績，但並不那麼完美。其實這個情況是意料之中的，因為我們在實際操作中並沒有在產品上做到有效的差異化，在一個幾乎雷同的市場上競爭是非常困難的。

不過我們在復盤過程中發現了幾個問題。

第一，生日蛋糕的配送地點除了家庭，還有餐廳、公司、KTV等場所。根據配送員的反饋，一般都是好多人一起過生日。這個也符合常識，一個人吃生日蛋糕這種情況極少。

第二，當初我們公司給熊貓不走提的一個小建議，後來成為用戶評論中最亮眼的一條。當時我們覺得生日蛋糕產品沒有特別的記憶點，所以就建議配送員身穿熊貓服裝、頭戴熊貓頭罩去送貨，還配合唱歌、跳舞等表演。結果大量的客戶反饋說這個形式很好，他們很喜歡。尤其是小孩子，他們參加一次朋友的生日聚會，回家就和媽媽說也想要這個熊貓人送的蛋糕。

基於這兩點發現，我們重新思考了生日蛋糕的產品本質，後

來我提出了一個「生日蛋糕陷阱」的概念。熊貓不走是生日蛋糕，所以在設計產品的時候往往首先認為它是一個「蛋糕」，其實這並沒有抓住這個產品的本質。生日蛋糕的重點其實不是蛋糕，而是生日。

在我們這樣一個物資豐沛的市場上，顧客買一個生日蛋糕真的是為了吃蛋糕嗎？他們是為了過生日。所以過去的產品設計重點錯了，應該是生日，而不是蛋糕。生日蛋糕的本質是顧客過生日時的一個道具，顧客需要點上蠟燭，許願，然後吹蠟燭，分蛋糕，同時配合各種拍照慶祝，等等。顧客的需求是過好一個「生日」，那我們為什麼要聚焦在「蛋糕」上呢？為什麼顧客那麼喜歡送貨的熊貓人？因為這隻「熊貓」為顧客的生日帶來了快樂。

有了這個認知，我們為熊貓不走重新設計了產品開發策略：重點不是為顧客做出一個好吃的蛋糕，而是為顧客創造一個快樂的生日。生日蛋糕要發揮一個「道具」的功能，道具是為了創造氣氛而不是作為一種食物出現。

我們重新分析了顧客消費生日蛋糕的流程，並把這個過程稱為「消費者旅程」。顧客消費一個生日蛋糕可以分為購買、收貨、拆包裝、插蠟燭、許願、吹蠟燭、合影、分蛋糕、吃蛋糕、慶祝、拍照、分享朋友圈等節點，那我們產品設計的工作就是要看看在每個節點上我們能為顧客提供什麼價值。

第一是購買，我們設計了 1 元吃蛋糕（需要完成一定任務）、充值大禮包等給顧客帶來驚喜的嘗試選項。考慮到很多人買蛋糕是送人的，熊貓不走連祝福語也提前設計好了幾十條，可以個性化定制，而且還提示顧客這些祝福語可以在下單時直接複製黏貼，配送時會根據顧客定制的內容寫好祝福卡片。

第二，收貨環節繼續強化熊貓人送貨的概念，這是早期反饋中顧客最看重的環節。我們在經營上建議加強熊貓人配送員的培訓和話術引導，每個月都更新唱歌內容和跳舞的內容，同時要熊貓人主動與顧客合影，這就可以引導顧客多發朋友圈。我們還根據熊貓人送貨這個特點創作了廣告語：有隻熊貓來送貨，唱歌跳舞真快樂。

第三，之後幾個環節，我們做了諸多改進。

生日蠟燭，熊貓不走提供了兩種選擇，一種是傳統的生日蠟燭，另一種是一個小煙花。

普通的生日帽就是一張硬紙片做的，熊貓不走的生日帽用的是可以閃閃發光的絲絨材質。

另外，熊貓不走還提供了泡泡機、猜拳、幸運抽獎等遊戲。還有許多細節，這裡就不贅述了。

根據我們提出的開發策略，熊貓不走蛋糕進行了一系列改造，它本質上已經不是一個蛋糕公司，而是一個生日策劃公司。

他們還有一個 1999 元的蛋糕，這個蛋糕的特殊性在哪裡呢？就是顧客可以花錢請 6 個熊貓人一起上門唱歌跳舞。

熊貓不走還創造了 100 多種不同的用戶體驗方式，團隊平時會定期進行頭腦風暴，在配送中不斷更新玩法，給用戶帶來持續、新鮮、有趣的體驗。因為體驗本質上就是產品。

經過這次戰略性調整，2018 年 5 月，熊貓不走成為惠州生日蛋糕市場排名第一的商家。2018 年 6 月，熊貓不走進入佛山禪城區，用三個月時間做到了當地生日蛋糕市場第一名。之後就是它的快速發展期，先後在中山、東莞、廣州、珠海、廈門、成都、重慶、長沙、杭州等城市開業。2019 年年底，熊貓不走獲得吳曉波的頭頭是道投資基金領投的 Pre-A 輪（A 輪的第一期）融資，當年的月營業額已達 3000 萬元。

這是一個正在發生的的案例，也是我們公司參與其中的一個案例。我們設計產品，只要放棄那些高大上的理論，沉下心來用心思考一個非常簡單而樸素的問題：**顧客購買一個商品，他想完成的任務是什麼**？一旦你找到了顧客真實的任務，一切難題似乎都能迎刃而解了。

筆記 15

產品開發中追求「絕對原則」是一種執念

嚴格來說，產品開發是不存在原創的。

　　本書講的是真實的商業問題，我決定用一篇筆記專門說一個看起來很吸睛的話題：企業經營或者產品開發時對山寨和抄襲的態度。

　　在行銷諮詢行業，有一位著名的老師叫葉茂中，大家可能聽說過，他的經典造型就是頭戴一頂棒球帽，身穿一件黑色 T 恤。你會在各種航空雜誌、高鐵候車大廳看到葉茂中自己的廣告形象。不過你也可能會看到一個「山寨」的葉茂中，他也是頭戴棒球帽、身穿黑 T 恤，這個人叫張 ××。張 ×× 的形象幾乎複製了葉茂中，廣告也和葉茂中幾乎一樣，還打出了「北有葉茂中，南有張 ××」的口號。更有甚者，這位山寨了葉茂中的「策劃大師」還在自己的客戶面前公開宣揚自己「傍」葉茂中成名的策略，而許多客戶對這種策略佩服得五體投地。

　　這是中國商業社會中一個極端的例子，可能在許多人看來這

麼做過於無恥了，但不得不承認的是，這種策略有效。如果你的目的就是賺錢、出名，也不在乎什麼好名聲，這還真的是個挺好的思路。

產品開發同樣也會面臨這個問題，你要不要「借鑒」同行的思路呢？

作為一個商業機構，企業要對自身經營和盈虧負責，在與創業者交流的時候，我感覺他們在產品開發上有兩種極端的理念，都是不可取的。

第一種是極度潔癖。就是覺得別人做了我就不做，如果不是我第一個想出來的我寧願不做。結果是為了創新而創新，為了不同而不同，從而忽視顧客的真正需求，開發出了很奇怪的產品。其實世界上有那麼多產品開發者，每個人、每個企業每天都在思考如何創新一個產品，你能想到的所有產品的改進方式在世界另外一個地方一定有人早就想到了，想要追求「絕對原創」是一種執念。

即使是蘋果這樣的公司也不能保證絕對的原創，比如早期的圖形操作界面是喬布斯參觀施樂帕克研究中心時學習到的。如果你非要自己開發一套完全不同的東西，那只是跟自己較勁。

在追求原創和領先方面，遊戲界的巨頭之一任天堂也吃過虧。在當年的遊戲主機 Wii 成功之後，任天堂在 2012 年推出了

一個非常奇怪的 Wii U，算是 Wii 的第二代，但這個產品設計卻異常糟糕，用戶體驗極差，這一代主機也成為任天堂歷史上銷售最差的主機。

為什麼會這樣呢？因為任天堂本質上是一家非常驕傲的公司。它在遊戲界給自己的定位是這樣的：永遠追求引領整個行業的創新。

這種有極度潔癖的產品開發理念確實有可能做出引領世界的顛覆性產品，但也有可能帶來很差的結果。處處追求與眾不同，要嘛會導致在產品開發上進度緩慢、成本過高，最終失去市場機會和成本優勢；要嘛就會開發出看起來很特別，其實用戶根本不想要的產品，同樣也會受到市場的懲罰。

第二種是原封不動地照抄。尤其是在軟體開發領域，許多公司就是「像素級抄襲」。從經濟的角度看，這種抄襲可能會帶來一些商業利益，但這也就是一種「生意」而已，很難成為一個長久的事業。因為抄襲成性會讓整個企業缺乏創新的基因，賺點錢不難，做成優秀的企業基本沒有可能。

其實除了極少數產品，大部分產品都是在別人創新的基礎上改進而來的，這在商業世界中是一種最正常、最合理也是最有效的產品開發策略。早在很多年前，「企業創新」理論的提出者熊彼特就在他的《經濟發展理論》中為創新下了一個定義：創新的

本質其實是一種 「新組合」，而不是一種「新技術」。

借用熊彼特的這個創新概念，企業的新產品開發其實就是把各種性能、技術、原材料、形狀等必要元素重新組合的過程。所以從理論上來說，產品開發都是在他人創新基礎上的改進，而不是無中生有、改天換地的創造。

1995 年，管毅宏在海口開了第一家山西麵館，後來發展成爲九毛九山西麵館。2020 年，九毛九在香港證券交易所掛牌上市，截至目前，其全國門店超過 400 家。

2015 年，管毅宏被朋友帶著吃了一次酸菜魚，他就想創辦一家主打酸菜魚的品牌餐廳。酸菜魚是一道傳統菜品，發源於重慶地區，過去酸菜魚的主料是草魚或鯉魚，但草魚、鯉魚都有刺，顧客吃魚的感受並不好。管毅宏去吃的酸菜魚，商家用的是鱸魚，透過加工可以讓魚肉片不含魚刺，體驗很好。這個用鱸魚做主料、沒有刺的魚片，就算是酸菜魚的一次產品創新。管毅宏後來創辦的酸菜魚品牌，取名 「太二」。

在開發太二酸菜魚的時候，管毅宏又進行了改進和創新。他覺得在魚身上做文章已經很難有差異化，於是就在酸菜上動腦筋。他決定用傳統工藝醃酸菜，把酸菜做到最好，這就是太二酸菜魚的品牌口號「酸菜比魚好吃」的由來，也是產品創新時形成的一個重要的差異化。在酸菜做出差異化創新的同時，太二酸菜

魚還做了一個看起來很小但很有價值感的改進，就是在酸湯上撒一把菊花瓣。金黃的菊花和紅通通的辣椒在色彩上交相輝映，提供了視覺上的美感，還讓酸菜魚增加了一種別樣的風味。

老壇子酸菜魚這道菜也是在實踐中持續改進的，用鱸魚做原料，魚片沒有刺吃起來更舒適，太二特別醃製的酸菜提升了湯和魚的味道，加上菊花調香調色，這道菜從形、色、香、味上就越發完美了。

從太二酸菜魚的產品研發，你也可以領會到什麼叫作重新組合的創新方式了。不過酸菜魚屬顧客對創新迭代期望值不高的品類，有些餐飲品類就不一樣了，比如奶茶行業。奶茶行業產品迭代特別快，幾乎每年都會出現幾款甚至十幾款當季流行的產品，從早期的珍珠奶茶再到後來的芝士奶蓋、水果茶、髒髒茶、豆乳、檸檬茶、益生菌、冰淇淋、楊枝甘露等，後來還有喊出「車釐子自由[11]」的小滿茶田，以及主打原葉鮮奶茶不加其他料的霸王茶姬。奶茶行業的產品迭代速度在整個餐飲行業要說排第二，就沒人敢排第一。

而且新產品開發成功率很低，之前我們也提到，尼爾森的視察發現，美國消費市場上新推出的 99.5% 的產品都會失敗，我

11　編注：中國網路流行詞，是指個人收入較為可觀，可以隨心所欲地購買車釐子（櫻桃）。（參考自百度）

也目睹了上百個新產品開發失敗的眞實案例。

那麼，在一個創新迭代如此迅速的行業，怎麼才能保證產品創新率和市場成功率呢？怎麼才能開發出市場接受度高、利潤又合理的產品呢？我們可以使用跟隨創新的產品開發策略。

我講一個奶茶品牌的思路。

中國有一家門市數超過 5000 家的奶茶品牌，它每年會推出 10~20 款新口味奶茶，它在產品開發上遵循的就是「跟隨創新」的策略。

曾經有一位年輕的同事很不解地問自己老闆：「爲什麼我們從來不去研發能引領市場風向的奶茶新品？」其實呢，這並不是這家奶茶品牌的研發部門做不到，而是因爲公司的產品開發策略要求公司不這麼去做。

它很少開發引領行業風向的新品，因爲開發這種新產品代價太高，成功機率太低。它的策略是等待一線城市的一線品牌開發出市場接受的產品之後再跟進，在這個基礎上改造和創新，做出適應下沉市場的口味，這就保證了推出新品的成功率。

從商業經營的角度，並不是說引領風潮的就一定會成爲最大的品牌，你看星巴克這麼多年就那麼幾種經典咖啡，有許多新品也就是季節性的或者做做活動而已。這個奶茶品牌有機會成爲中國奶茶行業的幾個龍頭品牌之一，而它的經營之道就是跟隨創

新，與那些新銳新潮的奶茶品牌保持適當的距離，默默學習但從不特立獨行、鋒芒畢露，從而保證自己商業上的持續成功。

這裡並不是想討論商業經營者的驕傲或者情懷，而是探討商業行銷的可行性和持續性，畢竟一個企業如果在創新上損耗過多基本就無法成功，而跟隨創新是一個非常穩妥的策略。這個奶茶品牌並不是行業的小品牌，甚至有可能在幾年內成為行業的領頭羊，那為什麼它不注重「創新」呢？這讓我想到一個和博弈論有關的話題。

博弈策略認為，領先者的最佳策略是「模仿」，挑戰者要想翻盤打破競爭格局，則需要在產品或者技術上進行「顛覆」。

有一本講博弈論的書叫《妙趣橫生博弈論》，兩位作者都是知名商學院的教授和博弈論專家。這本書裡講了一個案例：在帆船賽中，風向多變，一艘船處於領先地位，第二名緊緊跟隨，請問：領先者的必勝策略是什麼？答案是任何時候都跟隨第二名的方向。因為無論風往哪個方向吹，無論第二名採用什麼戰術，無論第二名如何變換，第一名只需要與第二名保持一致就可以。這是因為在帆船比賽中，第一名和第二名遇到的風幾乎是完全一樣的，在外界條件完全一樣的情況下，第一名就會永遠保持第一。但從第二名的視角去看，你跟在第一名後面是永遠無法成為第一的，所以你的策略就應該是積極變換方向，一旦第一名不跟隨你

了，你就有可能翻盤。

　　當然，商業競爭比帆船比賽要複雜得多，上文講的那家奶茶品牌跟隨創新也不是「無恥地照抄」，他們的策略是等待同行品牌用新產品測試市場，發現機會後跟進並改進創新獲得更大的優勢，這是一種非常有效的開發策略。

筆記 16

顧客感覺到好，產品才是真的好

元氣森林的塑膠瓶身，為什麼會比較硬？

2017年，我參加混沌研習社的創業營，我們班上有個同學叫高德福，他是喜家德餃子的創始人，現在全國擁有超過 700 家門店。有一次我們在青島上課，下課之後他請我們集體去吃喜家德水餃。

喜家德是中國水餃行業的領軍品牌，我早有耳聞，但那是我第一次吃喜家德水餃。這家分店在青島，所以有一些當地特色的水餃餡，比如鮁魚餡、皮皮蝦肉韭菜餡，我第一次吃到就直接被圈粉，後來推薦許多朋友去吃喜家德。同時由於職業習慣，我發現喜家德水餃除了好吃，還有一些不太一樣的地方。

最大的不同是喜家德水餃的形狀。喜家德水餃發源於黑龍江省鶴崗市，應該算東北水餃，但它的形狀和東北水餃差別很大。東北水餃形狀普遍是元寶形，皮薄餡大。喜家德的餃子卻是一字長條形，那為什麼要做成這種形狀呢？我想到了一個原因，後來

和喜家德的人確認了一下，證明我的想法是對的。

問題的關鍵在於餃子餡。

喜家德的水餃爲什麼好吃？有兩個重要的點：一是他們的餃子皮配比很特別，另一個是餡料用得特別好，喜家德店內宣傳的話術也說「每個水餃裡都有一個大蝦仁」。餃子皮雖然是關鍵的一個因素，可是顧客很難注意到餃子皮有多特別，所以重點就是怎麼讓顧客知道喜家德的餃子餡很好。

有時候，餃子好吃是因爲調料味道調配得好，而不是因爲餡料用得好。而餡料好還需要「可視化」，你用了多好的油顧客是看不到的，所以重點就是要展示那些顧客一眼能看到的東西。爲了讓顧客關注到喜家德水餃的餡料原材料好，喜家德把水餃設計成了長條形，爲什麼這樣設計呢？因爲這樣顧客咬一口還可以用筷子夾住，這就能看到裡面的餡，這是一個邊吃邊驗證的過程，即透過產品的「體驗設計」讓顧客感知到產品的「好」。

這裡有一個和行銷關係非常大的產品設計概念，叫作產品體驗設計。如果你的產品很好，顧客卻感受不到，那說明你的產品體驗設計沒有做好。產品體驗設計，就是透過產品設計、包裝設計等讓顧客能感受到產品的高品質。

做好產品體驗設計有什麼價值呢？

首先，讓顧客相信你產品的功能和效果。顧客都相信眼見爲

憑，更容易相信親眼看到的東西。比如某些主打「冰涼」口味的牙膏，它會把牙膏膏體設計成透明狀，以藍色爲主，因爲藍色和透明狀就會讓人感覺「冰涼」。同時，它還會在透明膏體中放一些晶瑩的「冰涼片」，這樣會讓消費者很容易感知到「冰涼因子」。其實眞正的冰涼成分是看不到的，產品設計只是爲了讓顧客感受到。

其次，可以提升顧客的價值感知，這樣產品定價空間就會打開。顧客對價格的判斷是以主觀感受和客觀價值爲基礎的。喜家德的招牌蝦三鮮水餃，每個水餃裡面都有一個大蝦仁，如果讓顧客吃一口能看到大蝦仁，就能提升水餃的價值感，價格貴一點顧客也會覺得物有所值。

最後，對顧客心理認知是一種強化。比如，「喜家德的餃子餡特別好」這個認知會在顧客心中不斷強化，每吃一次喜家德水餃都會強化一次，而每次強化後顧客又會更多地選擇喜家德。好的產品體驗設計就是要讓顧客強化對品牌的認知，並帶動顧客的口碑傳播。

再看一個例子。2017 年的某一天我去南京出差，午餐的時候客戶請我去當地很有名的一家快餐店——老鄉雞，那是我第一次去體驗這個品牌（這個品牌後來很有名了）。我又像犯職業病一樣觀察了整個老鄉雞的餐廳體驗設計。進店第一眼，我就看到

餐廳門口堆了一排農夫山泉，上面寫著一行大字：肥西老母雞湯，農夫山泉烹製。這是暗示顧客，這裡的雞湯是用農夫山泉烹製的，但「肥西老母雞」該怎麼證明呢？

等雞湯上來我就知道了。原來每一碗雞湯裡都有一個母雞肚子裡的蛋，我不知道這個學名叫什麼，在我老家這東西叫「蛋茬兒」。用老母雞身上獨有的一個東西，證明這個湯是用老母雞燉的，這就是一種簡單的產品體驗設計。

那還有更複雜的產品體驗設計嗎？當然有。

在白酒行業，高檔白酒的市場長期被那些歷史名酒占據，新興白酒品牌即使在用料和釀造工藝上與頂級白酒相同，也很難突破品牌壁壘。怎麼才能在這樣的市場環境中殺出一條血路呢？酣客醬酒就用一套生動、有趣、複雜的產品體驗設計和「封測盲品遊戲」實現了產品和品牌認同，讓酣客的品質可以看得見、能感知，因而快速發展了起來。

酣客醬酒是近幾年發展起來的一個高檔醬酒品牌，生產基地位於貴州仁懷名酒工業園（這裡也是中國頂級醬酒核心產區）。他們嚴格遵循中國傳統的釀酒工藝，端午制曲[12]，重陽下沙[13]。

12　編注：「制曲」是指培養有益微生物來進行食品發酵的過程，則是將穀物進行「發霉」處理的過程。原文網址：https://kknews.cc/food/y5le9kg.html

13　編注：「下沙」指放製酒的主料——高粱。重陽節的氣候條件於下沙提供了理想的環境，也是對傳統工藝的傳承和尊重。

選用優質紅纓子糯高梁釀酒（茅台的原料也是紅纓子糯高梁），用中原多小麥制曲，釀造工藝經歷九蒸九煮、八次加曲、七次取酒、四輪勾調、五年窖藏，可以說是非常高品質的高檔白酒。但酒做得這麼好，有用嗎？按白酒行業傳統，其實真沒太大用處，因為社交型白酒喝的主要是名氣和社會認同，大家對白酒品質的關注倒在其次。

要想打造出一個高檔白酒品牌，需要沉得住氣，不斷投入廣告費用以提升知名度，獲得消費者認可，經過長時間沉澱才能樹立起一個品牌。但是，這麼做太慢了，有沒有可能把這個過程加快一點、行銷費用降低一點呢？酣客醬酒使用另一種方法，加快了品牌建立的過程。

酣客醬酒採用「社群＋酒窖」的方式，先聚集了一群喜歡醬酒、懂得好酒的醬酒極客人群，透過自己設計的品鑒方法在這些人群中樹立起酣客醬酒品質極高的信譽。然後這些喜歡酣客醬酒的粉絲，也可以申請在自己的城市建立酒窖代理酣客，並且可以在當地用同樣的「社群＋產品體驗」的方式推廣酣客。越高端的消費者，越在意真品質。就是用這種「品質可體驗、設計與顏值領先」的方式，酣客醬酒 5 年時間銷量增長了 100 倍，還成為唯一獲得 2021 全球頂級工業設計大獎 A'Design Award 的中國白酒，並成為博鰲亞洲論壇全球健康論壇和聯合國生物多樣性大會

的唯一指定白酒。

醋客醬酒設計了一套相當有趣且複雜的現場封測和盲品體驗，當然它需要現場人員的參與和指導，雖然不適合大部分白酒的銷售場景，但是與醋客醬酒這種現場品鑒、社群銷售的模式配合默契。

醋客醬酒現場封測盲品有 16 種方式，讓顧客能現場鑒別白酒的品質。其中一種方式就是「拈酒」：現場請參與者將食指伸進杯中蘸水，用大拇指和食指搓拈，記住拈水的手感，再用紙巾擦乾手。同樣的方法再蘸酒、拈酒，與水對比，好酒的手感黏滑稠潤。還有一種方式叫空杯留香，就是喝完酒的空杯子的味道每隔一段時間就會變化，由酒香、窖香、淨香（毫無雜味）到糧香、曲香、花香、蜜香、焦香、烘焙香⋯⋯酒香保持的時間越久酒越好、品質越高。還有一種方式叫火檢法，就是把純糧釀的醋客醬酒與酒精勾兌的白酒對比。因為純糧釀造過程會產生酯類物質，酯類物質溶於酒精，所以在有酒精的時候，所有酒體都是無色透明的。當用火點燃白酒，把酒精燃盡後，含有酯類物質的糧食釀造酒就會渾濁，而酒精勾兌的白酒依然無色透明。

這是一種特殊銷售模式下極其複雜的產品體驗設計，但它非常有效，因為它讓顧客相信並且驗證了自己正在品嘗的是一款真正的好酒。

　　說到這裡，怎麼才能做出一個好的產品體驗設計？其實只要記住一條核心原則就可以：運用各種設計方法，讓高品質看得見、摸得著，讓顧客透過視覺、嗅覺、聽覺、觸覺等感覺到產品真實的品質。

筆記 17

好包裝賣四方，壞包裝上天堂

包裝是世界上最敬業的銷售員。

在具體講包裝之前，我先問一個小問題：紅燒牛肉泡麵裡並沒有那麼多牛肉，為什麼包裝圖片上卻有那麼大塊的牛肉呢？

其實這個問題和「我們設計包裝，主要是為了什麼」幾乎是等價的。

在人類生活的早期，一個賣油的不會榨了油後擺到市場裡去賣，而是直接開一個油坊，前面再開一個賣油的店鋪，前店後廠。有人來買油，不好帶走，賣油的就把油裝在一個個桶裡方便顧客帶走。我出生在 20 世紀 70 年代，那時我去村裡的小賣部買紅糖，店主先是稱分量，然後用一張方紙把紅糖一包讓我帶回家。包裝最初的功能，就是為了攜帶和儲存方便。

商品的買賣方式在後來發生了很大的變化。一個做食用油的企業生產出的花生油，要透過經銷商和超市、商店等通路銷售，但通路裡不可能只有一個花生油品牌，而是各種食用油品牌。這

個企業就需要在食用油的桶上印上自己的品牌名字和標識，顧客在購買的時候就容易找到它，品牌名為顧客提供了品質保障和售後保證。同時，它還要和其他食用油的品牌進行競爭，顧客會在貨架前進行比較，這個時候包裝就充當了銷售員的角色。你不可能隨時配一個銷售員在每一個貨架旁，顧客在選購食用油的時候除了憑藉自己的日常經驗，只能透過包裝來做出購買決策，包裝這時候最重要的功能就是透過文字、圖片或者符號設計說服顧客購買。泡麵包裝上有那麼誘人的牛肉塊，就是為了刺激顧客的食欲，讓顧客產生購買欲望並立刻做出購買決策。元氣森林氣泡水的包裝上有一個巨大的「氣」字符號，它會引起顧客的注意，讓選購氣泡水的顧客快速地發現它。那怎麼才能讓顧客有更多機會發現它呢？元氣森林氣泡水的包裝瓶最早只有一面印著「氣」字，我們給它重新設計包裝的時候，建議把這個「氣」字設計成兩面都有，這樣顧客不管在哪一面都會看見「氣」字，這就是貨架的原理，即讓顧客更容易發現這個品牌。

　　包裝設計並不是比誰更好看，而是比誰能降低行銷和傳播的成本。線上產品的展示可以透過更多輔助手段來實現，比如透過大量圖文和影音來介紹產品，這個時候包裝設計常常就是顧客選擇商品的一個理由。直播時代有所謂「顏價比」一說，就是顏值和價格的比例。顧客收到好看的包裝時，拍照和曬圖的欲望也會

很高，這就等於為你的產品提供了一次免費的宣傳機會。

　　包裝的本質是為了降低行銷成本，把線下產品的包裝做得醒目是降低行銷成本，包裝有趣且容易拍照，也是在降低行銷成本。

　　網紅品牌樂純優酪乳的包裝，看起來就非常驚艷，包裝設計顏值非常高，這是它走紅的原因之一。但這個包裝是有缺陷的，它在線下通路陳列的時候視覺上缺乏吸引力。在電商頁面我們可以對包裝進行 360 度無死角展示，哪個角度好看就拍哪個角度，但在商超貨架上，顧客能看到的只有平視這一種角度。其實平視的時候，樂純的包裝和其他優酪乳品類相比優勢並不大。

　　小米也是一樣的。小米過去是在線上售賣，後來有了好多衍生品，比如手環、電池、充電器、耳機、網路分享器等，但小米的每個衍生品包盒幾乎都一樣。到了小米之家的線下店，顧客在選購的時候看到的是一堆白盒子，他們找不到自己想要的商品。

　　後來小米的包裝做了改進，把每個商品圖都印在了包裝上，這才有了識別度，但依然不是很清楚。這就屬銷售點包裝不足。

　　設計包裝應該注意如下幾個問題。

1. 便於品牌的識別

　　19 世紀初，可口可樂獲得了很大成功，但引起了競爭對手

的紛紛效仿，它們對可口可樂的名稱和標識略做變體貼在各種瓶子上。面對大量的仿冒產品，可口可樂公司與製瓶商合作，要求製瓶商提交新瓶形設計方案，可口可樂這樣描述自己的要求：**瓶子必須獨一無二，哪怕在黑暗中僅憑觸覺也能辨別出可口可樂，甚至僅憑打碎在地的碎片，也能夠一眼識別出來。**1915 年，如今地球人都知道的可口可樂弧形瓶由印第安納州泰瑞豪特的魯特玻璃公司設計出來並獲得專利。

這個玻璃瓶瓶形是可口可樂公司的重要資產，以至後來出了罐裝可樂，在罐裝可樂的瓶子上還印著玻璃瓶的形狀。同時，普通可口可樂的包裝上通常印著巨大的可口可樂中英文商標。可口可樂紅白搭配的顏色也是它的重要識別系統之一，只要你掃一眼，就知道這是可口可樂。

有時候設計師常常說，標識小才有格調，大品牌的標識都會有大量留白，這樣才顯得高級。其實包裝的第一要務是要容易識別品牌，所以你看看可口可樂就知道你的產品標識是不是夠大。

星巴克在美國流行的時候，好多美國人以手中持有一杯帶星巴克女海妖標識的杯子為傲，那星巴克的杯子包裝是不是應該更醒目一些呢？你可能會說，可口可樂是民生消費品，不需要那麼高級感十足，那麼你可以看看路易威登的包。

另外，你會發現農夫山泉的瓶子兩面都有農夫山泉的巨大標

識。因為在終端貨架上，兩面標識的設計可以保證農夫山泉能更多地被顧客看到，也更容易被識別出來。

西貝的外賣，除了包裝袋上有明顯的品牌名字，還提供了西貝品牌顯著的紅格子餐布，處處都在展示品牌元素。怎麼可以讓人透過包裝快速識別品牌呢？你可以透過放大標識和品牌名（比如可口可樂）、特有的包裝形狀（茅台酒的酒瓶）、特有的顏色（百事的藍色）、特有的花邊（路易威登的花紋）等來增強品牌的辨識度。

2. 傳遞描述性和說服性訊息

我們做包裝的時候，要永遠假設顧客是一個陌生顧客。他並不瞭解你的產品，他拿起這個商品的時候，不知道為什麼要買它，你的包裝就要承擔這個工作，即包裝要給到顧客購買的理由。

這一點哪個行業做得最好呢？圖書行業。圖書的封面設計就是圖書的包裝，封面設計不僅僅要告訴顧客這是哪家出版社、哪個作家的作品，還能促使顧客購買。

最典型的是圖書書腰，上面通常會有兩類訊息，一個是名人推薦，另一個是圖書獲得的獎項和榮譽。

產品包裝也一樣，你可以看一下農夫山泉的瓶貼設計，它的

說服性訊息其實非常多。

當然，在寫推銷話術這個方面，椰樹牌椰汁就做得比較極致，外包裝上那些淳樸的語句有很強的辨識度。

我去日本參觀時看到日本的食品包裝會做一個展示結構，告訴顧客這個盒子裡有什麼，以及這個食品內部有哪些原料，這樣就更容易讓顧客做決定。有的甚至把包裝透明化了，可以更好地展示實物（見下圖）。

「洽洽小黃袋」的改版，就是因為在視察中發現，很多消費者不知道每日堅果中有什麼，所以他們在包裝設計改版時就把裡

面的堅果種類一一列出。包裝改版後小黃袋的銷量得到了大幅提升。

3. 方便產品運輸和儲存

　　無印良品的設計總監原研哉曾經發起過一個日常用品的再設計活動，其中一個題目是再設計一款衛生紙。日本建築師阪茂提出，可將現在捲筒紙中間的芯做成四角形。四角形的衛生紙在抽取時會產生阻力，這種阻力發出的訊息和實現的功能就是節約能源。同時，四角形的衛生紙在排列時彼此產生的間隙更小，同樣的空間內可以儲存更多。

　　當然這只是舉例，因為這種衛生紙包裝改變需要改變供應鏈，反倒是不划算的。

　　IKEA的一個創造性貢獻就是它把原來只能整體裝運的家具設計成板材拼裝，這讓家具的運輸費用和儲藏空間大大降低了。

　　元氣森林氣泡水在做產品設計的時候，要求產品中水的氣更足，當然這是比較容易實現的，而在運輸中不爆瓶是不容易實現的。早期的元氣森林運輸過程中就發生過一些爆瓶的問題，後來透過不斷實驗，才解決了這個問題。

4. 便於消費者消費

　　為了便於消費者消費，包裝要考慮幾個層面：便於搬運、便於安裝、便於使用。比如IKEA的家具就特別便於安裝和搬運。再比如保鮮膜使用時有個很大的痛點，就是切斷保鮮膜很費勁，有些品牌的保鮮膜就提前做好了切割線，使得消費者很容易就能撕開。

　　三隻松鼠之所以成為網紅堅果品牌，是因為它特別考慮消費者使用的方便性。比如它的兩層包裝設計，第一層包裝可以用來裝吃剩的堅果皮，同時第一層包裝裡還會配備濕紙巾、開堅果的工具、包裝袋夾等。

　　很多手機包裝因為要追求格調，打開盒子就特別困難。還有一些醬油、花生油等商品，打開瓶蓋後拉開瓶子的設計就很難用，經常拉不開，有時需要暴力拆裝。

　　外賣的包裝，過去都是簡單粗暴的一個塑料盒加一雙一次性筷子。現在各個品牌都在外賣包裝上下了功夫，比如，米粉的包裝粉湯分離，樂凱撒比薩採用了燙手包，從而保持比薩溫度，水餃的外賣則增加了格擋。如果在五年前你還很難想像火鍋的外賣，但今天海底撈已經可以隨時恭候了。

　　快遞盒通常很難拆，所以很多人拿到快遞第一反應是找剪刀。那有沒有可能，讓顧客接到快遞的時候不用那麼麻煩呢？有

一家專門做外包裝設計的公司，叫一撕得（也曾是小馬宋的客戶），就解決了這個使用上的麻煩。顧客收到快遞直接一撕就可以打開包裝了（見下圖）。

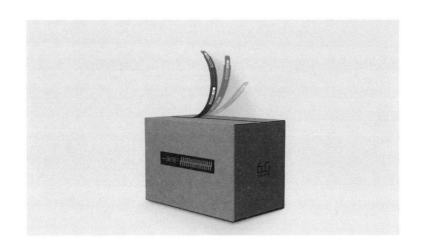

　　美國有一個叫作摩爾斯啤酒的品牌，它專門為酒吧的顧客設計了包裝。因為酒吧經常會發生男女之間的搭訕，它就在包裝上提前寫了些搭訕用語，比如，「當然，你可以擁有我的電話號碼」、「你的美麗吸引了我」等等。這也是在實用性上做文章。

5. 在貨架中突出顯示
　　要讓產品在貨架上具有強烈的吸引力並脫穎而出，包裝設計

就要有貨架思維。根據美國的一些統計，消費者逛超市的時間一般是 30 分鐘，而他們要看大概兩萬種商品，很多時候他們自己也沒計劃好要買什麼，很多消費者可能是第一次在貨架上看到這些商品，所以包裝就需要在貨架上迅速吸引顧客的注意力。

最簡單的方法是透過色彩來與競品產生差別，比如黃金酒在推出來的時候，發現中國市場上幾乎所有酒包裝都是以紅和黃為主，黃金酒就用藍色來做包裝，這樣它就可以迅速從貨架上突顯出來。

包裝設計不但要考慮單個包裝的視覺呈現，還要考慮在大面積陳列的時候形成陣列感。你可以到大型超市，比如沃爾瑪或者山姆會員店，去看一看那種大面積商品陳列的感覺。據說，沃爾瑪超市對自己商品包裝的要求是，顧客能在 3 秒內或者 15 英尺（約 4.5 米）的距離接收到產品的說服性訊息。

6. 美學功能與價值體現

前文我提到過「顏價比」這個詞，說明商品包裝的顏值很重要，因為我們面對的是新一代受過良好教育的消費者。

其實，好看的設計本身就是產品價值的一部分，想一想，在過去你購買商品有多少次是因為好看的包裝而購買的？

包裝還能展現商品的價值，比如喜茶的杯子都有那種高級的

磨砂質感。一瓶瓶裝飲料，如果它的塑膠瓶軟塌塌的，我會覺得它本身品質就不夠好。我們在做市場視察的時候，就發現很多顧客說元氣森林氣泡水的瓶子摸起來手感和質感都非常好，配得上它的高價。

　　包裝在材料上追求高級感，就像五星級酒店的大堂，雖然客人並不會住在大堂，但大堂依然富麗堂皇，就是為了證明這家酒店的品質。

　　康乃爾大學食品和品牌實驗室負責人布萊恩・文森透過研究發現，顧客會更加偏愛細高包裝，因為他們會覺得這種包裝比寬矮包裝的容量更大。而且顧客還有一種心理，他們覺得包裝越大，平均單價會越低，但實際情況並非如此。早年喜之郎果凍布丁就在包裝上做了一次改變，他們把以前的定量包裝改成散裝，因為顧客會覺得散裝的商品比定量包裝的要便宜，其實當時的定價並非如此。

7. 其他功能

　　最近幾年，可口可樂的小瓶裝獲得了很大的成功，這種小瓶裝不但有塑膠瓶的，還有小型罐裝的。其實價格上並沒有太大變化，但是銷量卻增加了。因為人們會覺得，小型罐裝的可樂糖分更少。

　　這是可口可樂為了解決消費者對糖分的顧慮而做出的一個產品包裝創新。凱度消費者指數[14]發布的《2019 中國品牌足跡報告》中，在增速最快品牌榜上，可口可樂成為增長最快的品牌，一個重要的原因就是可口可樂小包裝產品的增長。

　　包裝還有一些別的作用。

　　因為原材料價格上漲，品牌可能就會「暗漲價」：價格不漲，但是容量少了。比如，把瓶底設計得向裡凹，就可以減少容量，消費者還不容易看出來。

　　包裝是企業擁有的發行量最大、完全免費的一個媒體平臺，它能承擔發現、銷售、**轉化**、傳播、溝通等多種功能。近年來就有企業在產品包裝上加QRcode，以方便進行視察、客戶維護、收集數據等工作，所以千萬不要只把包裝當作一個「包裝」那麼簡單。

　　我想，此時的你就需要仔細思考該怎麼對待和設計你的產品包裝了。

　　包裝的最終呈現其實背後有大量的思考邏輯，接下來我要和你分享一個我們公司的諮詢實戰案例，透過完整的復盤讓你理解一個有效的、能夠提升銷量的包裝是怎麼設計出來的。

14　編注：凱度於1997年成立，是亞洲第一家專精於消費者指數研究的行銷顧問公司。

筆記 18

包裝設計案例—— 改變一個包裝，提升 50% 銷量

（注：本文中的包裝是 2019 年小馬宋公司為雲耕物作設計的，今天的產品包裝已經有所修改（因產品升級等原因），但這個案例依然是一個透過包裝設計提升銷售情況的經典和典型案例。）

2019 年 11 月，我們接了一個新客戶：專注精品紅糖和草本滋養的女性新消費品牌雲耕物作。

雲耕物作是在微信公眾號的基礎上發展起來的，在 2018 年 6 月進駐天貓。進駐初期增長還不錯，但很快就遇到了增長瓶頸。也就是在這時，兩位創始合夥人約我做了一次付費諮詢，透過這次見面，雲耕物作決定與小馬宋簽訂行銷諮詢合同。

這是一個項目制的諮詢服務，在 6 個月的合作期裡，我們都做了哪些工作呢？

行軍打仗，偵察先行；制定行銷策略，則是視察先行。瞭解行業、瞭解客戶的業務、瞭解消費者是我們制定行銷策略的起

點。透過視察，

我們發現紅糖行業存在三個普遍問題。

第一，品類大於品牌，顧客購買紅糖薑茶，搜產品的比搜品牌的多，也就是說，這個領域沒有強勢品牌。

第二，紅糖售價普遍較低，產品包裝大同小異，缺乏識別度和價值感。

第三，消費者對好紅糖的標準認知不統一，紅糖行業存在很大的訊息不對稱。

一個明顯的訊息不對稱就是顧客很難識別紅糖品質的優劣，比如市面上多數紅糖的配料表中都會寫有白砂糖、赤砂糖，甚至有些紅糖薑茶的配料表中白糖是排在第一位的（按照法規，使用最多的配料應該放在第一位），這就意味著白糖是這些「紅糖薑茶」的主要原料。而像雲耕物作這樣純正的紅糖，則是用甘蔗汁不斷熬製而成的，生產過程是純物理的，它全面保存了甘蔗汁的營養成分，因此配料表上只有甘蔗汁。

這裡還要補充一個背景訊息。市面上的紅糖薑茶有兩種產品形態，一種是顆粒狀的，一種是塊狀的。顆粒狀的紅糖薑茶的好處是容易沖泡，可以迅速融化，但不好的地方是，因為加工工藝的原因，不能完全用紅糖製造，所以它的配料表中有白糖。如果是真的由紅糖製造，它一定是塊狀的，沒法做成顆粒狀（當然塊

狀紅糖也有用白糖或者赤砂糖冒充的，看配料表就知道），但塊狀紅糖的缺點是融化比較慢。

　　因爲存在訊息不對稱，消費者也很難鑒別冒充紅糖的白糖。面對這樣一個信任缺失、品牌同質化的市場，雲耕物作該如何破局？

1. 將複雜的戰局濃縮爲一個「戰略重心」

　　我們在做戰略行銷諮詢時發現，很多企業會誤解「戰略」這個詞，以爲特別宏觀、特別長遠的規劃就叫戰略，其實不是。

　　戰略設計的核心要點是制定達到目標的規劃和路線，而這個規劃本身要運用現有的資源和企業核心秉賦，爲企業在競爭中獲得優勢。好戰略的關鍵點就在於能發揮企業的核心優勢，它不會讓一個身高 170 公分的男生去打籃球，因爲他沒有任何獲勝的希望。你也不能制定讓「碼農（軟體工程師）」去跟風擺地攤的戰略，這不符合他的秉賦，也沒有運用他的核心優勢。

　　我們最重要的課題就是結合雲耕物作的秉賦和資源優勢，爲它規劃「下一步可實現」的戰略重心，並設計一套與之相匹配的經營動作。「下一步可實現」是指不能繞開企業自身秉賦和資源去提一些「飄在空中」的戰略。戰略重心的概念源於戰爭理論，是指軍事將領要善於將所有的軍事行動濃縮爲幾個主要的行動——最好是一個，然後將全部兵力壓倒性地投入在這個行動

上，最終取得勝利。

我們需要思考的是，對雲耕物作而言，什麼是「下一步可實現的戰略重心」，並能將企業導向成功？實際上，面對產品同質化嚴重的市場，品牌機制能夠最大程度提高企業行銷效率，降低消費者的試錯成本。產品行銷的終極競爭其實是品牌影響力的競爭。品牌對顧客的影響力越大，產品就越容易銷售。而從零開始創建品牌的關鍵，就在於先洞察消費者需求，找到一個強有力的購買理由，透過一個拳頭產品[15]承載該購買理由，最終透過拳頭產品做強品牌。這也是我們為雲耕物作設計的下一步經營動作。

有很多企業，其拳頭產品不突出，卻一門心思在品牌塑造和傳播上亂花錢，其實是舍本逐末。因為最初的品牌影響力主要還是靠拳頭產品「打」出來的，離開具體的產品去談品牌戰略其實是個假命題。產品是行銷戰役的永恆主角，而產品體驗設計，也是一個重要的行銷環節。

在我們介入之前，雲耕物作已經有多個產品，包括「蔗香紅糖」、「濃薑紅糖」、「暖薑紅糖」、「雪梨紅參紅糖」等，究竟哪款產品可以作為主打的拳頭產品呢？

在與客戶一起篩選並確定拳頭產品的過程中，我們發現「暖

---

15 編注：大陸地區指在國際市場上銷路穩定，貨源充足的出口產品或泛指在市場上競爭力強的產品。（資料來源：教育部重編國語辭典修訂本）

薑紅糖」是雲耕物作的銷冠。這款產品的消費場景很明確，對應女性的經痛場景，這個場景能代表消費者的核心利益，讓消費者有充分的購買理由。此外，透過生意參謀的數據，我們也發現消費者在淘寶購買紅糖，主要就是購買「紅糖薑茶」。

而對紅糖薑茶品類來說，最本質的購買理由是什麼？顧客最關注的又是什麼？

我們在做視察時發現，消費者在對店鋪客服的諮詢中，會出現一個高頻問題：「這個有沒有效果？」關於紅糖薑茶，網路搜索指數最高的條目也是「紅糖薑水的功效與作用」。但紅糖薑茶本身是食品（非保健品），不能直接宣傳功效，怎麼才能讓顧客知道雲耕物作紅糖薑茶是有效的？

想不到解決方案，我們就繼續研究消費者。經過大量消費者視察和數據分析，我們發現消費者形容紅糖薑茶「有沒有效」，通常會用「暖暖的」、「肚子暖了」、「暖胃」、「發熱」、「暖洋洋」等形容詞，這其中有個關鍵字就是「暖」。

「暖」，是能讓女性消費者在痛經場景下行動機率最大化的一個字。

我們還發現，「暖」也是多數同類品牌在店鋪產品詳情頁宣傳時會提到的一個點，但卻沒有哪個品牌將其作為核心價值展示。

我們如獲至寶，一下子就找到了雲耕物作下一步的戰略重心：透過打造一款拳頭產品，占住並放大紅糖薑茶品類提供給消費者的核心價值──「暖」。有了這個發現，也就有了最強、最核心的創意。基於這個創意，我們給客戶創作的品牌口號是──「眞紅糖，眞的暖」。

「眞紅糖」是針對大部分同行說的，因爲這個行業太亂，濫竽充數的產品太多。這是一句正本清源、立刻放大產品優勢的話，讓顧客一看就能「被打動」，還能透過配料表快速驗證，使用後向身邊朋友推薦時還可以形成口語化傳播。「眞紅糖」旨在打破紅糖行業的訊息不對稱，不僅是品牌對消費者的承諾，也代表著企業誠心正意的價值觀。

「眞的暖」，不僅是紅糖薑茶品類的核心價值，也是一種感性表達，既是身體上的暖，也有情感上的暖。

2. 用一系列行銷動作來執行戰略方針

洞察有了，我們接下來的任務是幫客戶設計一整套的行銷動作，來具體實現並執行「眞紅糖，眞的暖」的戰略指導方針。

前面我們講過體驗設計的話題，其實雲耕物作的紅糖薑茶也存在這種問題。產品體驗設計不僅僅體現在產品上，還可以體現在包裝設計上。在雲耕物作這個項目中，我們主要用包裝設計來

解決顧客的產品體驗問題。

雲耕物作的紅糖是塊狀的，它的缺點是融化速度比較慢，產品體驗不夠好。所以從產品角度，我們建議客戶研發可以融化更快的紅糖。

融化更快，只有兩個基本思路：一個思路是增加紅糖與水的總體接觸面積，這需要把紅糖做成更複雜的形狀，但是生產難度較高；另一個思路是把紅糖做得更鬆散或者糖塊更小，這種思路實現難度較小，後來我們就選擇把紅糖做得更鬆散。

在產品包裝上，我們也設計了一系列體驗環節，讓顧客可以親自驗證產品的品質，並能馬上產生購買需求。

3. 包裝設計上下功夫

我們提出了「真紅糖，真的暖」的品牌口號和策略思路，產品包裝於是就以此為核心不斷積累品牌資產，同時遵循這條主線，促進顧客的購買行動。

在具體設計中，我們從「理性視角」和「感性視角」兩個角度來思考。

理性視角：圍繞「暖」這個核心關鍵詞打造一種信任感，對產品本身進行再開發，完善產品科學，向消費者證明為什麼「暖」。

感性視角：突出雲耕物作創始人鐘曉雨「爲男友做紅糖」的故事，讓用戶感受到這個品牌創立背後的溫暖故事。

設計風格上也要「讓人感受到溫暖」，還要不犧牲「顏值」，符合新消費群體的審美需求。

首先，爲了凸顯「暖」這個品牌與產品的關鍵詞，我們爲雲耕物作設計了一個醒目的「暖」字符號（見下圖）。

紅、橙、黃都是暖色系，所以我們的設計使用了紅色與黃色、橙色搭配，讓顧客看到就感覺很暖。

最初在設計「暖」這個文字符號的時候，設計師提供了幾種設計樣式（見下圖）。

　　後來在與設計師溝通的時候我說：「我們用的是最純正的原料，做最純正的紅糖，所以我們的字體設計就要堂堂正正，不要做這麼多小花樣。你看故宮太和殿的字，絕不會用這種字體，這種字體就是為了讓人覺得有『設計感』做出來的花樣，像個貴妃。我們不做貴妃，我們要做正宮娘娘，要皇后的感覺，端莊賢淑、母儀天下，這才是純正溫暖的感覺。」後來設計師更改了暖字的設計，如下圖所示：

　　這個「暖」字，設計出來有兩個作用：第一是直接暗示，不管是在超市貨架上還是在電商搜索的預覽圖中，顧客看到就會覺得很暖，促進顧客購買；第二是設計了一種購買情景，比如你是女生，現在肚子痛，要男朋友幫你去買一款紅糖薑茶，雲耕物作他大概記不住，你就會說你去買那個包裝上有個「暖」字的。這就能發出一個明確的指示，而且是一個超級符號。

　　客戶對我們的策略非常認同，也就成就了現在的包裝設計。

　　在現在這個包裝上，我們設計了 10 處「機關」，你也可以透過我的文字感受一下如何透過包裝進行「產品體驗」。

　　（1）我們設計了一個突出的「暖」字符號，將購買信號的刺激強度放大，讓顧客看到就想買，因為買紅糖薑茶的顧客最看重有沒有效果。

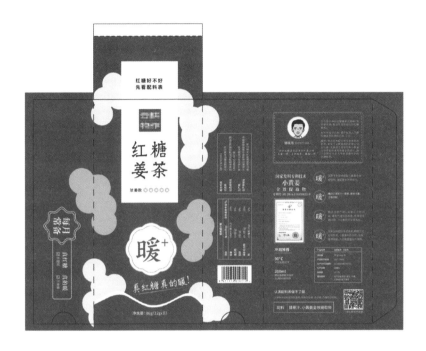

（2）我們創作了一句一看就能被打動、一聽就能記住的口號，並直接放在包裝正面：真紅糖，真的暖。

（3）我們設計了一個簡單的驗證紅糖成分的方案，讓顧客相信這是「真紅糖」。包裝印上了一句話：紅糖好不好，先看配料表。

後來許多主播在直播時就是按照我們的設計思路，直接拿其他紅糖薑茶包裝上的配料表給觀眾看。

（4）在包裝設計上引導消費者的觀看順序。當消費者看到「先看配料表」的時候，他自然而然地把包裝翻過來看配料表，而大部分產品的配料表都是密密麻麻的小字。我們既然想讓顧客來驗證，而且雲耕物作的配料表又非常乾淨，那為什麼不把它放大呢？配料表一定要用那麼小的字嗎？不是，於是我們就把配料表單獨設計，並把字放大，同時寫上引導顧客理解的話術：「認清配料表做不了假。」

（5）進一步為「暖」打造信任感。我們把雲耕物作獲得的國家專利證書放在包裝盒背面，讓消費者可以自行驗證。雲耕物作與一家擁有生薑粉提取國家專利技術的公司達成了合作，這項專利技術的研究者曾在中科院工作多年，是國際著名的天然產物研發與產業化專家。

（6）用四個「暖」字進一步打造立體信任狀，讓消費者明

白爲什麼我們的紅糖薑茶更暖，傳遞出更多企業優勢和產品品質。這四個「暖」字，是對品牌的投資，是競爭壁壘，也代表著品牌眞心誠意的價值觀。

（7）把創始人的故事寫在包裝背後。創始人鐘曉雨是從北大休學爲男友去做紅糖薑茶的，這裡面有暖心的故事，也在早期消費者中廣泛流傳，是重要的品牌資產，所以我們把這個故事在包裝背面也寫了出來。

（8）優化搜索。消費者對紅糖薑茶是功能性需求，在搜索時會首先搜索產品類別「紅糖薑茶」，所以我們把紅糖薑茶的品名進一步突出放大，降低消費者的搜索成本，讓產品更易被發現，更易被買到。

（9）包裝側面提示「每月常備」。這向消費者再次發出行動指令，提升消費者的購買頻率。

（10）用小太陽代表薑辣度，雲耕物作對紅糖薑茶做了薑辣度的不同區分，我們用幾顆溫暖的小太陽來表示。

得益於客戶超強的執行力，這套包裝思路也很快複用到雲耕物作的其他拳頭產品上，包括「蔗香紅糖」、「雪梨紅蔘紅糖」，從而進行了一次全面的包裝更新。

升級之後，雲耕物作的產品系列便可以互爲廣告，流量互通，賣任何一個產品都能促進其他產品的銷售。消費者喝過雲耕

物作的紅糖薑茶後感覺不錯，基於這樣的信任，就很容易跟著這樣的包裝去購買其他產品。最終，所有的產品都能串聯起來，形成一個系統。

　　雲耕物作從線上起家，電商是它的主銷售陣地，而電商產品頁就是它的銷售主場。我們也規劃了雲耕物作的電商產品頁，它依舊圍繞「真紅糖，真的暖」這個核心策略展開落地，充滿底氣、毫不遲疑地把這六字箴言做實做透。

　　在新包裝投入市場，並且將「真紅糖，真的暖」這個核心策略在電商詳情頁、直播、廣告等主陣地充分貫徹執行之後，雲耕物作的市場行銷實現突破：廣告點擊率至少提升了 30%，詳情頁端客戶購買轉化率提升了 18%，總銷量提升超過 50%。2020年上半年，雲耕物作已經成為天貓紅糖薑茶品類第一名。

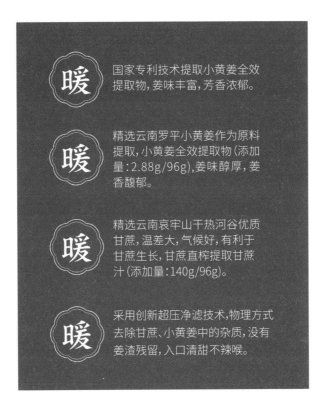

筆記 19

不要忽略產品使用說明書

大部分說明書的問題在於，它們都沒怎麼說明白。

我們已經講了一大堆關於產品的話題，在產品這一部分的最後，我想聊聊產品使用說明書的問題。

一個周六的早晨，我起來幫家裡人準備早餐。我想早餐要略微豐盛一點，所以不僅煮了粥，還準備了牛奶、雞蛋和蔬菜，煮了兩根黑糯玉米。這個玉米據說本身就是熟的，每根玉米用真空內袋包裝，兩根玉米一袋。我看了包裝袋上的說明，說只要把水燒開，不用打開玉米的真空包裝袋直接投入開水中煮 10 分鐘就可以吃了。我嚴格按照說明書去做了，但煮出來的玉米非常非常難吃。我又在蒸籠上蒸了 10 分鐘，這時出鍋的玉米香甜軟糯，與剛才的口感簡直天差地別。

會不會有消費者按照說明書去操作，然後發現玉米無法下咽就直接扔掉，再也不買了呢？很有可能。如果按照說明書操作之後沒有成功，有做飯經驗的消費者可能會嘗試別的方法，但不常

做飯的消費者可能就會困惑了，他們不知道該怎麼改進這個糟糕的玉米，很可能會選擇直接扔掉，下次再也不買了。你看，一個使用說明書的錯誤，讓許多本可以回購的消費者流失了。

我們不能把消費者想得那麼多才多藝，這會讓產品經理陷入「知識的陷阱」，就是總覺得別人和他們擁有一樣的知識。

最近幾年開始流行的預製菜（類似臺灣的料理包）、即時速食，比如空刻義大利麵、拉麵說拉麵、食族人酸辣粉、李子柒螺螄粉，相對來說都是新產品，不像過去泡麵那樣普及，加工製作相對要複雜一點。所以，產品說明書一定要簡明易懂，消費者才能在家裡做出理想的口味，同時也就提高了商品的回購率。

我再舉一個例子。

我是一個對車沒什麼興趣的人，車對我來說僅僅是代步工具，至今唯一買過的一輛車是VOLVO。我對車的知識所知甚少，買車後拿到的使用說明大概有 200 頁，我真的沒有耐心閱讀這個說明書。我在一年之後才知道遠光燈開關在哪裡，我也不知道後視鏡是電動的，每次都拿手扳後視鏡，後來後視鏡馬達都被我扳壞了，花了 6000 多元換了一個新馬達。修車師傅告訴我以後不要拿手扳後視鏡了，因為它是自動的。其他比如座椅加熱、前車玻璃除霜等功能都是經朋友提醒我才知道的。

汽車是個很複雜的產品，許多消費者都是第一次使用汽車，

汽車的使用說明書又做得那麼厚，讓人沒有閱讀的欲望，那麼能不能把重要和經常使用的功能做一個快速上手的使用說明呢？

比如一件家具，它的安裝還是相當複雜的。對許多文科生來說，安裝這件家具感覺像在組裝火箭，有些消費者甚至連螺絲和螺母都搞不清楚。我見過寫得相當簡單的家具組裝說明書，每個零件都標明序號，消費者組裝就會更容易。說明書中寫「5mm自攻螺絲」就會嚇退一半以上的顧客，但是你若寫「5mm 自攻螺絲（標號為 3）」，這就容易多了。

我過去還使用過許多「創新產品」，有些是需要連網、下載App使用的智慧型產品，初次使用時操作之複雜、術語之艱澀，簡直讓人望而生畏，這裡我就不再一一吐槽了。

產品使用說明看起來很簡單，其實它關係到消費者的使用體驗，關係到消費者的回購，也關係到品牌的口碑，值得每個公司重視。

怎麼才能做好一份產品使用說明書？其實就要從消費者的角度，把自己歸零成一個小白，看你怎麼才能簡單、流暢地使用這個產品。你也可以使用分組、標號、圖示、影音、客服使用指導等各種手段降低消費者的初次使用門檻，提升消費者的使用體驗。

當你回歸到消費者的視角，一切從消費者的使用體驗出發，

那不管是產品設計還是產品說明書的製作，都會給消費者帶來流
暢舒適的體驗了。

筆記 20

產品開發案例—— 搜狗輸入法的產品邏輯與推廣

剛才講了許多實體產品的開發、包裝和體驗等問題,其實網際網路產品也是產品,它同樣要滿足顧客的需求、提供顧客價值、實現良好的產品體驗等。下面我們就聊一個網際網路產品的開發故事。

2012 年,我離開熟悉的廣告行業,和幾個朋友一起創辦了一家線上技能分享網站——第九課堂。從此,我算是真正進入了網際網路這個領域。從第九課堂的創辦到後來自己做公眾號,以及在暴風影音的工作經歷,讓我對網路產品有了更深入的瞭解。

暴風影音是一個典型的工具型產品,類似的還有獵豹清理大師、360 殺毒、騰訊電腦管家、迅雷、墨迹天氣、錘子便簽等。在個人電腦時代,電腦上安裝量過億的終端工具其實沒多少,包括 QQ、360、迅雷、暴風影音、搜狗輸入法等,這裡我主要講一講搜狗輸入法這個產品的故事。

　　大家都知道搜狗的原首席執行官是王小川，但搜狗輸入法的真正發明人是馬占凱，他也是搜狗輸入法的第一任產品經理，被稱為「搜狗輸入法之父」。

　　馬占凱從河北工業大學畢業後去了山西一家公司負責機械設計。後來感覺這個工作沒有前途，他就在 2005 年 8 月辭職到了北京，想學寫程式，但最後也沒有學成。那時候網際網路圈子裡有很多新聞，比如李開復加盟谷哥，雅虎、阿里巴巴合併，百度上市，等等，馬占凱當時被這些大事件觸動了，心中有一種莫名的興奮，覺得人生好像會有很多機會。

　　馬占凱做的第一件事情就是寫了一封信給百度，說他有一個搜索引擎輸入法的想法，但百度那邊都是客服回復，說「謝謝您使用百度」。

　　馬占凱提到的這個想法，是他在太原工作的時候就思考過的。當時他用紫光輸入法（一種拼音輸入法），像周杰倫、張含韵、發改委之類的詞都打不出來，鐵達尼號也打不出來，馬占凱很痛苦。他覺得搜索引擎應該是可以解決這個問題的，他知道搜索引擎的語義提示功能很強大，因為當時他用百度搜這些詞的拼音，百度給出的提示字符串說明它有這個詞庫，所以他才會首先給百度寫信。

　　百度對輸入法這個錯誤的判斷，並不是因為錯失了馬占凱提

出的這個想法，而是對輸入法沒有產生足夠的重視。即使在搜狗輸入法上線後兩年內，百度在輸入法上也沒有什麼動作。

　　站在個人電腦網際網路時代的角度看，馬占凱認為這是百度一個很大的誤判，因為作為搜索引擎，它的上游是瀏覽器，而瀏覽器的上游則是輸入法。百度後來發現 360 用兩個殺毒軟體客戶端就能換一個360 安全瀏覽器的用戶，搜狗用四個輸入法客戶端就能獲得一個搜狗瀏覽器用戶，而每兩個瀏覽器就等於一個搜索引擎，因為總有一半的人分不清這些搜索引擎，他們不會改、不想改也不需要改。就像用網址導航的那些上網者，他們連網址都不會輸入，也不會修改瀏覽器自帶的搜索引擎。2008 年是 360做搜索的那一年，百度跌了 1/3 的市值，就是因為 360 做搜索引擎特別賺錢。2015 年，搜狗單季收入已經超過 1 億美元。360 瀏覽器起來之後，360 的網址導航也相當成功，用戶流量和收入足以與當年的瀏覽器龍頭 hao123 抗衡，這是一件特別厲害的事情。因為 360 是安全軟體，它推薦一個更安全的瀏覽器順理成章。

　　因為百度那邊沒有反饋，馬占凱轉而關注搜狐，開始寫郵件給搜狐，說自己關於輸入法的想法，最後居然順利地進入了搜狗。但馬占凱進入搜狗後整整兩個月的時間裡，公司裡再也沒人提起這件事，也沒人推動這件事。

馬占凱認爲輸入法絕對是個大機會，因爲用戶用 QQ 都要用到輸入法，這應該是個國民級的應用。他開始收集關於輸入法的數據，發現中國的輸入法在當時的三大軟體網站都有過億的下載量，這是一個很驚人的數量。因爲在當時的中國，電腦上工具類的客戶端下載量除了 QQ 幾乎沒有過億的了。我們在說做實物產品的時候，要選一個大市場進入，對工具類型的產品來說，這個市場規模可以簡單地用用戶量或者下載量來評估。那麼輸入法就是一個很大的市場。

後來搜狐外聘了一個清華博士，讓他先做一個輸入法原型，做出來之後在公司的內測效果很好，然後就對外發布了，並命名爲搜狗輸入法。與當時所有輸入法相比，搜狗輸入法最大的改進就是提供了龐大的雲詞庫。比如過去我們輸入「科特勒」三個字，就需要分別輸入 ke、te、le 三個拼音，並在每個拼音中尋找科、特、勒三個字。但搜狗輸入法透過雲詞庫和聯想，可以讓使用者僅僅輸入「ketele」或者「ktl」就能獲得想要的漢語詞匯，這讓輸入法的打字速度提升了幾倍，使用體驗大大提升。

搜狗輸入法對外發布後，馬占凱正式成爲這個專業的產品經理，一手做出了現在的搜狗輸入法，從 1.0 版本一直做到 3.6 版本，做到了大概 1 億用戶和日均 5000 萬個個人電腦活躍用戶。

但發布後的第一年，搜狗輸入法的下載量並不是特別樂觀，

當年市場份額只有 3%。第二年，馬占凱找到了一個網際網路草莽時期特別有效的通路：番茄花園。番茄花園是一個軟體下載網站，成立於 2003 年，後來因法律原因被關閉。番茄花園網站當時的主要業務就是為網民提供某種個人電腦操作系統軟體的下載，而這種個人電腦操作系統正是番茄花園透過修改 Windows XP 系統之後形成的版本——番茄花園版本。這個版本取消了微軟的正版驗證程序，並關閉或卸載了原版操作系統中一些不常用的功能，由此獲得了大量用戶。番茄花園版本透過內置和捆綁其他裝機軟體獲利，操作系統捆綁後相當於是「系統自帶」，這些軟體的使用率和留存率都特別高，就像現在的手機內置 App 一樣。搜狗輸入法的初期用戶，大多來自這裡。

獲得了初期用戶後，第二年搜狗輸入法的增長曲線就特別好，不管馬占凱做什麼，它都漲得很迅速，今天搜狗輸入法已經是中國常年排名第一的輸入法了。

網路工具型的產品，是自帶傳播和鎖客能力的。

如果你的工具使用體驗很好，那些早期用戶中的 KOC（關鍵意見消費者）或者 KOL（關鍵意見領袖）還會極力向朋友推薦。如果這時候你設計出簡單的分享方式，它就能獲得快速裂變。

用戶一旦使用，就會適應這個工具，如果這個工具還能形成

一定的使用記憶和個性化，用戶就很難離開它。比如瀏覽器，它會記住用戶的常用帳號密碼，並且收藏了用戶常用的網站地址，用戶對它們就有了依賴性，很難切換使用另一個瀏覽器。

搜狗輸入法沒有這麼大黏性，但它透過對用戶常用詞彙的個性化識別，也能形成一種習慣依賴，用戶在使用之後也不容易離開。

鎖客最強大的工具，是擁有網路效應的工具。比如微信，要想研發出一個類似於微信的產品，技術上並沒有太大難度，難的是要把用戶所有的朋友關係全部遷移過來，用戶才可能使用你的工具，這種壁壘就是網路效應。

筆記 21

不要讓方法論綁架商業邏輯

不要讓方法論綁架你的商業邏輯。

開發一款產品，除了要思考產品本身，還有一個更基本的問題：一個品牌要不要開發這類產品？尤其是當這個產品原來並沒有做過的時候。比如小米，原來主要做手機，那它要不要做電視？

定位理論對品牌延伸基本上持否定態度。《定位》的作者艾爾・賴茲和傑克・屈特最喜歡的是寶僑這樣的公司，它把每個品類做成一個品牌，甚至一個品類還有細分的幾個品牌。比如寶僑旗下擁有護膚品牌歐蕾和 SK-II，衛生棉品牌好自在，紙尿褲品牌幫寶適，刮鬍刀品牌吉列和德國百齡，牙膏品牌克瑞斯，洗衣粉品牌Tide汰漬，香皂品牌舒膚佳，口腔護理品牌歐樂 B，甚至在洗髮精中擁有海倫仙度絲、潘婷、沙宣、飛柔等多個細分品牌。

所以小米在早年開始涉足其他品類的時候有許多品牌專家

提出過警告，認爲小米做過多的品牌延伸會削弱它「高性價比（CP值）手機」的定位。但是，幾年過去，小米不再是高性價比手機的代表（2021 年年底雷軍宣布小米將正式對標蘋果），而且發展出了多種產品品類，同時還在 2021 年宣布造車。

那麼，品類的延伸究竟是好還是不好呢？

商業上的事情沒有什麼標準答案，所有問題如果眞有一個答案，那麼這個答案就叫作「看情況」。情況不同，答案就不同。

雖然答案不同，但要不要進行品牌延伸卻可以用一個條件來判斷：品牌延伸會不會讓企業經營提升效率、降低成本、獲得優勢。

洽洽瓜子在過去許多年裡一直是瓜子的代名詞。後來洽洽開發出其他品類，包括每日堅果。當時洽洽內部就很糾結要不要繼續使用洽洽這個品牌名，因爲洽洽的定位就是瓜子，所以不應該再做其他品類。如果要做其他品類，那就應該像寶僑一樣重新做個品牌。

但問題是重新做一個品牌有可能賣不好，因爲消費者不熟悉這個品牌，而帶上洽洽就能賣得好，所以企業內部很糾結。當時洽洽一位高管問華杉老師：「怎麼才能解決洽洽在消費者心中是瓜子而不是堅果的定位？」華杉的回答很有意思：「你做堅果呀。」

　　所以，洽洽每日堅果就沿用了洽洽這個品牌，而且在包裝袋上將洽洽的品牌名放得更大。為什麼？因為洽洽是個知名品牌，消費者知道這是洽洽的產品，那他們就更相信這個堅果的品質。結果洽洽小黃袋成為每日堅果這個細分品類的生力軍。

　　講到這裡，我們來思考一個問題：洽洽做每日堅果是不是有效地提升了經營效率？是的。因為你不需要重新打造一個品牌，用洽洽這個品牌名降低了每日堅果的行銷成本。

　　那小米為什麼要做電視、加濕器、手環、電腦、網路分享器，甚至還有牙刷？很簡單，因為小米是從線上起家，小米商城的成交量甚至能排進全球十大電商網站之列。小米擁有眾多的線上用戶和粉絲，這些粉絲大多數是理工男，如果小米只在自己的商城賣手機，而大多數人的手機幾年才換一次，那這些流量、這些粉絲是不是就浪費了？所以小米開發了更多的產品，就有幾百億元的生意了。

　　小米做其他品類的邏輯是：提升小米商城單個用戶流量的商業價值。你兩年買一支手機，購買頻率太低了，小米希望你每個月來一次也能買得到，因為小米也有別的產品。

　　如果能像寶僑那樣，在多個領域擁有眾多知名品牌，那當然最好。可是，打造一個新品牌是非常費錢且費力的。你不能只想著擁有一個新品牌的好處，卻忘了打造一個新品牌的困難。況

且，寶僑有 180 多年的歷史，那麼多品牌其實是企業發展過程中不斷收購而來的。而且寶僑是個集團公司，旗下從來沒有一個品牌叫「寶僑牌」。所以你不能只看一個企業今天的經營狀況，卻不理會它的發展歷史。寶僑每個品類都有一個品牌，如果這些品牌當時就很有名，你改了反倒不合邏輯。

同樣是規模龐大的民生消費品公司，雀巢就和寶僑很不同，雀巢 2021 年全球年銷售額2兆5000多億元人民幣，是全世界最賺錢的公司之一。雀巢最早就是生產嬰幼兒食品的，後來它不僅賣咖啡，奶粉、米粉、巧克力、麥片、冰淇淋、純淨水、威化棒等產品也都是雀巢的自有品牌。當然雀巢也有大量的收購案例，有些改名為雀巢，有些則保留了獨立的品牌名字，比如中國的太太樂雞精、徐福記。這裡順帶提一句，星巴克的瓶裝咖啡其實是雀巢收購並且經營的（Costa 瓶裝咖啡則是可口可樂的產業）。

雀巢一開始就有自己的品牌「雀巢」，當它收購某些業務的時候，就沿用了自己的品牌。但有些被雀巢收購的品牌已經非常知名了，改名反倒會提升行銷成本，這種情況下就保留了原來的品牌名。

寶僑和雀巢都很成功，可是各自的路線不一樣，因為每個公司的具體情況不同。所以你不能說多品牌就一定會成功，單品牌就應該只做一個品類，所有的情況，都應該「視具體情況而

定」。

當然，有些品牌延伸確實會有問題。

比如五菱宏光，它長期給消費者形成的印象就是廉價的大眾車型。如果五菱宏光要做一個高端豪華跑車，那它要不要用五菱宏光這個品牌呢？五菱宏光確實有品牌知名度，但它形成的品牌資產中似乎沒有「高端、豪華」這兩個關鍵詞。品牌資產就是消費者對品牌的認知總和，這些認知能給企業帶來收益，讓企業的行銷效率更高。如果五菱做高端豪華跑車，五菱宏光過去的品牌資產並不能為它的豪華車加分，那五菱的選擇可能就是重新做一個高端豪華車品牌。當然從商業邏輯上來講，五菱宏光去開發豪華車型也不是一個很好的經營策略。

再比如，如果麗思・卡爾頓要做一個像如家那樣的經濟型酒店品牌，同時繼續沿用麗思・卡爾頓的品牌名，也會對麗思・卡爾頓這個品牌資產造成損害。因為麗思・卡爾頓向來以無微不至的服務、高級豪華的住宿環境著稱，如果同時出現一個價格低廉、服務平平的麗思・卡爾頓經濟型酒店，這家酒店不僅很難吸引它原有的客戶，還會對它過去積累的品牌資產造成傷害。

儘管麗思・卡爾頓赫赫有名，但做一個經濟型酒店，最好還是用另一個品牌名為好。

有時候，品牌可以延伸；有時候，品牌延伸則不太好。

　　總之，當一個企業要開發一個新的品類的產品，只需要思考和衡量兩個問題：

　　第一，如果沿用原來的品牌，這個新產品是不是更好賣，行銷成本是不是更低？

　　第二，如果沿用原來的品牌，這個新產品會不會對原有品牌資產造成傷害？

筆記 22

產品發展的兩種思路：內卷與外卷

日本造神，美國造大師。

在產品開發上，日本和美國分別為我們提供了兩種不同的發展思路。

不用我提醒，你也能感受到日本的產品在細節上極度完美，使用體驗處處讓消費者感受到用心。這種用心不僅展現在具體產品設計上，還展現在服務的方方面面。

我去東京考察的時候聽過一個事情：日本的癌症死亡率是全世界最低的，但這並不是因為日本的醫療技術最好，而是因為日本醫院的醫療服務做得最細緻。

日本號稱「清掃立國」，日本人極其重視清潔衛生。日本也出現了所謂「清潔之神」，日本人的整理收納技術也是全世界第一。用時下流行的一個詞，可以說日本在每個產品和服務上都特別「內卷[16]」。

16　編注：在資源有限的情況下，人們為了得到資源，而進行非理性的過度競爭。

日本產品在細節上的周到設計簡直讓人震驚。

比如一個類似「大福」一樣的預包裝食品（Prepackaged Food），日本超市的貨架會把一個包裝盒做成透明裝，以方便消費者看清楚裡面的食物。同時還要把食品切開做一個模型，讓消費者知道這個食物的內部形態。

日本酒店的前臺設計一般是有個臺階，低的那一端在客人一側。爲什麼呢？因爲一般客人都會背著包，來辦理入住手續的時候把包放在臺階上就會很方便。這種設計我在中國和歐洲酒店裡幾乎看不到（亞朵有類似設計）。酒店的電梯會設計一高一低兩套電梯按鈕，因爲要照顧小孩子的需要。酒店的樓梯扶手也是一高一低兩層扶手，同樣是方便大人和孩子不同的身高。

隨著中國競爭日益加劇，許多行業的產品設計也開始了「內卷」，這就需要企業對產品設計的不斷細化和微創新。

北京有一家做包子的餐廳叫鳳起龍游。他們的包子頂部有一個小孔，這個小孔恰好可以讓顧客把各種調料直接倒進去，這樣味道就能更充分混合，這就是一個非常好的微創新和細節改善（見下圖）。

　　日本企業傾向於微創新和持續改善，這種「內卷」的結果就是日本往往出各種「神」：「經營之神」、「清潔之神」、「壽司之神」等，但戰略和技術的顛覆性不足，所以這種競爭是向內的。

　　美國企業當然也有微創新和持續改善，可是美國企業的競爭力主要來自顛覆式創新、高端技術和戰略規劃，至於產品和服務細節比較不足。美國人擅長技術創新和戰略布局，可以透過新技術打開一個又一個全新的市場，它的競爭是向外的。比如馬斯克的特斯拉開創了電動車的龐大市場，蘋果直接顛覆了過去的一般型手機市場，在航空航天、生物育種、醫藥研發、基因技術、芯片技術等領域，美國幾乎都是領先的，這就讓它能夠透過創新的

產品賺取超額利潤，也是美國保持國際競爭力的重要壁壘。

不論是日本的「內卷」還是美國的「外卷[17]」，都是中國企業在產品開發中可以學習的。

亞都在加濕器領域之前的產品開發無非就是更換各種外形，那時候的加濕器使用有一個特別大的痛點，就是加水非常麻煩。如果加濕器沒有水了，你需要把加濕器的盛水容器搬下來，然後調個頭，把一個加水的蓋子擰下來再去加水，過程複雜麻煩。可是傳統加濕器廠家居然在十多年裡都對這個「麻煩」視若無睹。後來小米生態鏈的智米科技進入加濕器領域，一上來就設計出了可以直接向加濕器中倒水的產品結構，極大地簡化了加水的過程。

我見過許多創業者做出來的產品，它們在細節上實在太欠思考。比如有一個做餐具的創業者，他送了我幾個小碗。這些小碗單個看確實很漂亮，可是它的設計沒有考慮收納的問題。如果你把幾個碗疊起來，它們就非常不協調，這個器形設計就是沒有考慮幾個碗疊起來的情況。

這就是產品細節的設計，而細節的設計決定了消費者的使用體驗。在這方面，我們應該向日本企業學習。

我和某個小家電品牌的創始人交流過，他向我描述過未來要

17　編注：外卷指的是透過向外擴張，開拓新的資源。

開發的電動刮鬍刀、電動牙刷的概念，我聽到了許多對目前刮鬍刀和電動牙刷顛覆性的改造設計，這才是一個新進入者最應該做的產品設計，而不是看到一個領域有機會，進去做了一個毫無區別的產品，只想靠一些行銷技巧或者燒錢去拚市場，我認為後者是一種毫無技術含量的競爭和懶惰的創業思路。

這種顛覆式創新的產品是美國人更擅長的，也值得我們去學習。從這個角度來講，我真心希望中國的高科技和網際網路大廠能真正去做一些高科技的創新和設計，而不是去和蔬菜水果小攤販搶生意。比起社區團購、生鮮電商、大米白麵這些事情，我更加敬佩華為正在做的事，這才是大廠該有的責任和擔當。

✎ 金句收藏

1. 過於關注「推廣」和「概念」而忽視真正的產品價值和用戶體驗，是新消費品的通病。

2. 經營是企業生存的基礎，而產品是行銷的基礎。

3. 我們在思考顧客需求的時候，需要考慮兩件事：一個是顧客需求的層次，另一個是顧客滿足需求的過程。

4. 什麼才是一個好的細分市場？

   這四個判斷標準分別是：

   可識別與衡量性

   市場容量

   可進入性

   反應性

5. 商業經營，總有邊界。

   在承認有邊界的情況下，你也可以選擇在一個範圍內做得更好、更精、更高。

6. 一旦你找到了顧客真實的任務，似乎一切難題都那麼迎刃而解了。

7. 大部分說明書的問題在於，它們都沒怎麼說明白。

8. 不要讓方法論綁架你的商業邏輯。

9. 日本人造神，美國人造大師。

掃一下QRcode，長按保存圖片，可分享社群。

PART 3
關於定價

產品皆需價格，免費也是一種定價。

筆記 23

價格也是一種重要的產品特徵

定價即創造。

接下來的大部分篇幅，我要講講 4P 中的定價問題。4P 是相互獨立、完全窮盡的四個部分，但所謂相互獨立並不是互相沒有關聯，其實 4P 是互相聯繫、相輔相成的。你做了一個非常高檔的產品，那它的定價就不可能便宜，定價如果很貴，你的銷售通路就要配合（比如入駐北京 SKP 這種高檔時尚百貨），你的促銷方法也要符合這種高級產品的定位。總之，你動了一個 P，其實另外 3 個 P 也需要相應改變。

外賣的興起，就是為餐飲行業提供了一個新的通路，那什麼餐飲適合外賣呢？比如米粉就比麵條適合外賣，所以想重點做外賣的商家就會開發更適合外賣的產品，它們的促銷也會更多集中在外賣上，這就是一個相互影響的過程和聯繫。

我們剛剛談了產品，也聊了許多產品的特徵、功能等話題，其實產品本身還有一個特徵，就是價格。價格與產品聯繫最緊

密，甚至價格變成了產品很重要的一個部分，因為你要看一個產品，不可能不去看它的價格，甚至同樣的產品，定價不同，就會影響消費者對它的價值感知和體驗。

比如在一些測試中，實驗者把相同的葡萄酒分別倒入不同的杯子，只是告訴顧客這兩杯酒的價格是不同的，大部分參加測試的人會覺得價格更高的那杯酒更好喝。

顧客在日常生活中也形成了透過價格來判定一個品牌定位的習慣，因為價格是一件商品最直接的品質判斷要素。中國有句老話，叫作「人不識貨錢識貨」，講的是同樣的道理。所以，價格本身就是產品的一個重要特性。有的時候，價值決定了價格；有的時候，則是價格決定了價值。

我有一個朋友，幾年前創業做過一個奶茶店，他說能把奶茶做到比喜茶[18]還好喝。這個朋友很可靠，我相信他說的話是真的，但問題是，把奶茶做到比喜茶好喝其實並不難，但價格是多少呢？如果你比喜茶好喝，但比喜茶貴很多，那本質上沒有什麼競爭力，無非你用更好的、更貴的原料來做，這種「把產品做得更好」的思路其實會把許多創業者坑了。比如做奶茶這件事，產品更好，其實並不一定有競爭力，產品更好還更便宜才有競爭力。

18　編注：中國連鎖茶飲品牌。

　　同樣的創業故事還有很多，比如有人覺得星巴克的咖啡品質並不好，他可以做更高品質的咖啡。這個思路就完全錯了，有好多人都可以做出比星巴克更高品質的咖啡，但你的價格是多少呢？評論一家咖啡店的咖啡好不好不能只看品質，還要看價格，要看品質穩定不穩定。像星巴克這樣開上萬家門市還能做到品質穩定是很難的。所以開一家比星巴克更好喝的咖啡店未必是個好思路，但是開一家品質和星巴克差不多，但價格比星巴克便宜30% 以上的咖啡店反倒是個好思路。

　　星巴克賣的不僅僅是咖啡，還有它的氛圍和環境，你可以把氛圍和環境去掉，只專注做咖啡就好了。

　　日本的 DOUTOR 咖啡店就是一個這樣的品牌。星巴克在日本的單杯價格是 400~500 日元，DOUTOR 的美式咖啡一杯只有 220 日元；星巴克在日本有 1300 多家店，後起之秀 DOUTOR 有 1100 多家店。看到這裡，你大概想到了瑞幸和 MANNER 咖啡，瑞幸把咖啡的價格直接拉到 15 元以下，MANNER 的咖啡價格 10~30 元都有。品牌調性差不多，價格便宜一半，其實顧客沒有那麼多忠誠度可言，十幾元的優惠，有時候就能把顧客的忠誠度買走了。沒有氣氛組沒關係，沒有座位也沒關係，只要品質還好，打包帶走就好了。

　　價格不僅僅是產品的一種特性，甚至還代表了產品的價值。

最典型的是鑽石，除了在工業上的應用，鑽石本身在生活中是沒有任何實用價值的，但鑽石價格非常高，這種高價本身就是價值的一部分。

一個男孩愛上了一個女孩，但是怎麼證明呢？除非面臨一些重大考驗，而生活中的重大考驗太少發生了。那他就送一顆鑽石給這個女孩子，這顆鑽石本身並沒有什麼實際的用途，但它很貴。正是因為鑽石很貴，還沒有什麼實際用處，這才證明瞭這個男孩的真心，因為他願意花錢給這個女孩子買一個沒什麼實用價值的東西，這證明他是真的愛她。鑽石，就是愛情忠誠度的「工作量證明」（Proof-of-Work， PoW），即使沒有鑽石，他也會找一個別的東西來證明自己對愛情的篤定。所以在這裡，價格高就是鑽石特性的一部分。

鑽石為什麼會這麼貴呢？這又是另一個經典的行銷故事。鑽石比紅寶石等寶石的歷史要短很多，直到 100 多年前才開採用出來，當時全世界只有巴西和印度發現了鑽石礦，年產量只有幾公斤，因為相對稀缺，那時的鑽石價格高也情有可原。

1870 年，南非發現了一個巨大的鑽石礦，產量以噸來計，全球鑽石產量大增，價格很可能會面臨雪崩。為了保住鑽石的價格，一群鑽石投資人合夥成立了一個公司，名字叫De Beers，它控制了全球的鑽石產量，透過控制鑽石開採用速度來維持鑽石的

高價。

De Beers不僅在產量和價格控制上很成功，還發動了一場規模巨大的行銷活動，那句經典的廣告文案「鑽石恆久遠，一顆永流傳」就是De Beers的傑作。De Beers透過與當時的電影明星合作，在新聞媒體上刊登報導他們的故事和照片，渲染名人送給愛人鑽石的大小，強化鑽石和浪漫愛情的聯繫，甚至還安排講師去全國高中演講，在那些還未到結婚年齡的女孩心裡種下鑽石代表浪漫愛情的信念。就這樣，De Beers透過大量宣傳將鑽石和愛情畫上了等號，讓全世界的人都覺得鑽石代表愛情。

我們曾經做過一個進口的手工巧克力品牌。當時對 5 塊盒裝巧克力的定價是 299 元，這也是消費者比較容易接受的禮品裝的價格。有一天，小米穀倉創業學院的一個朋友問我們的巧克力多少錢一盒，她聽完這個價格後和我說：「我們想給來穀倉講課的嘉賓老師一份比較特別的禮物，我們這個獲過獎的進口巧克力確實很合適，但唯一的不足是它不夠貴。」你看，如果作為禮品，購買者選擇的時候首先是給自己定一個價位段，他們需要在這個價格範圍內尋找合適的禮品。請重要的客人吃飯，如果要喝酒，就要上 53 度的飛天茅台。喝茅台不僅僅是因為酒的品質好，還因為茅台的價格代表了請客者的心意。就像求婚的鑽石一樣，**鑽石的價格本身就是一種產品特性**。

　　我們時常需要送禮，而作為禮物的商品，它的價格應該是越透明越好，這樣送禮和收禮的雙方都知道這份禮物的價值。過去常常有人送茶葉給我，但說實話，茶葉的定價太分散了，從幾百元到幾萬元的都有，這就給送禮和收禮的人造成一種困惑：送禮的人不能表達心意的分量，收禮的人也不知道這個禮物的價值。所以小罐茶（每盒售價 1000 元）就特別適合作為禮物來贈送。

　　我們給一件商品定了價格，其實就確定了這件商品在這個品類中的定位。畢竟，價格是最容易識別的商品特性之一。對於一個行業或者品類的商品，我們通常會根據價格劃分為五個等級，分別是奢侈品、高價位、中價位、低價位和超低價位。比如，兩三萬元的五菱宏光 MINI EV 就是超低價位商品，勞斯萊斯幻影就是奢侈品，汽車價格帶橫跨幾個數量級，而每個價格帶有相應的品牌存在。

　　價格就是特徵，定價就是定位，所以定價在行銷實踐中有著舉足輕重的作用。

筆記 24

定價問題沒有標準解法

行銷理論的學習就像在游泳池中學游泳，你感覺也學會了。但市場其實是片大海，真到了大海裡游泳，你面對的不僅僅是水，還有鯊魚。企業經營的複雜性就在這裡。

世界上最著名的投資人、巴菲特最重要的合夥人查理・蒙格（Charles T. Munger）在《窮查理寶典》（繁體中文版為《窮查理的普通常識》）中講過一件事，他面對一家美國知名大學商學院某個班級的學生問了一個問題：「你們已經學習了供給和需求曲線，你們懂得在一般情況下，當你們提高商品的價格，這種商品的銷量就會下跌；當你們降低價格，銷量會上升。對吧？你們學過這個理論吧？」他們全都點頭表示同意。然後蒙格說：「現在向我舉幾個例子，說明你們要是想提高銷量，正確的做法是提高價格。」

據說，學生們面對這個問題沉默了很久，後來在這 50 個學生中只有一個人能夠舉出一個例子，但這個答案也不是蒙格最欣

賞的那一個。

　　蒙格在書中說，這個問題有四類答案。少數人知道第一類答案，但他們基本上不知道其他三類。下面是蒙格給出的答案。

　　（1）奢侈品：提高價格能夠改善奢侈品的「炫耀」功能。奢侈品提高價格之後，在某些存在炫耀心理的消費者看來，它的性能也隨之改善了。此外，人們往往認爲價格高等於品質好，這樣有時也能促進銷量的增加。

　　（2）非奢侈品：和上面提到的第二個因素相同，消費者看到價格更高的商品，往往不是認爲它賣貴了，而是認爲它擁有更好的品質。這種辦法對那些耐用性的工業品而言尤爲適用。

　　（3）提高價格，把額外的利潤以合法的方式用於改善產品的性能或者改善銷售系統。

　　（4）提高價格，把額外的利潤以非法或者不道德的方式促進銷售，比如說透過賄賂交易經紀人，或者其他對終端消費者有害的做法，例如開放式基金的銷售回扣。（蒙格說這個答案是他最喜歡的，但他從來沒有聽到過。）

　　蒙格還講過一個他朋友比爾・伯爾豪斯的眞實經歷。比爾曾經擔任貝克曼儀器公司（Beckman Instruments）的首席執行官，這家公司生產一種複雜的產品，這種產品如果運轉失靈，就會爲客戶帶來重大損失。它不是油井底的泵，不過你也可以把它當成

油泵理解。他的產品雖然比其他公司的產品更好，但銷售情況卻很糟糕，他後來發現了銷售不好的原因：他們公司這種產品的售價太低了。售價不高，會讓客戶覺得這是一種劣質產品。最後他把價格提高了大約 20%，銷量立刻就上去了。

讀完這兩個故事，我們接著聊 4P 中的定價問題。

定價是我最不確定的一件事，我只有對定價的一些認知，但沒有確定的答案。因為它太複雜，似乎很難找到一套統一的理論來講關於定價的問題。有時候，定價似乎越便宜越好，因為像小米這樣的企業就是透過超低價格殺進了手機市場，並且成了全球手機市場中重要的玩家。有時候，定價卻並不是越便宜越好，比如經常有客戶和我說小馬宋諮詢的報價太低了，如果諮詢公司報價很低，他們就會懷疑這家公司的專業能力。

有時候我們說一件東西「值」多少錢，其實就是在講關於定價的話題，可是一件商品究竟值多少錢真的有標準答案嗎？真的沒有，相信我。因為一件東西的價值真的很難衡量。我學過政治經濟學，政治經濟學說價值就是在一件商品中包含的無差別的人類勞動，這個說法非常簡潔，而且乍一想真的是這麼回事。在做了這麼多年行銷工作之後，我發現商品的價值幾乎是沒有固定標準的。在我們公司辦公的北京市東城區箭廠胡同 22 號這個創業園子裡，有一家叫「翰林書院」的餐廳，它緊鄰北京國子監，是

一個四合院式的院落建築。這家餐廳只提供套餐，不能單點，人均套餐從 900 元到 1800 元不等，那麼請問：人均 1800 元的套餐和人均 900 元的套餐相比，前者的價值是後者的兩倍嗎？如果你去海底撈吃一個 180 元的火鍋，那麼請問翰林書院的 1800 元套餐是海底撈火鍋價值的 10 倍嗎？我的回答是，我不知道，因為你根本就沒辦法準確衡量它們的價值。

價值都沒法準確衡量，那該怎麼定價？

價格的複雜性還不止於此。普通人看到的商品價格一般都還是固定的，如果你是一個公司的原材料採用購經理，你就會知道世界上的原材料報價是以天甚至小時和分鐘為標準的。石油、礦石、水果、糧食、鋼材、塑料、芯片、船運、集裝箱等的價格都在實時變化，許多金融資產的價格更是以毫秒來顯示。

關於價格，我們會面臨無數種真實的商業情景，而幾乎每個情景都是一個棘手的問題，這才是關於定價真正複雜和困難之處。

比如，一個品牌嘗試一次降價促銷之後，它發現效果非常好，那還要繼續降價促銷嗎？可是顧客會慢慢養成習慣，就等著你打折促銷才買，不打折我就不買了，這個品牌該怎麼辦呢？假如有一個品牌，既有線下也有線上的銷售通路，但是線上銷售辦活動促銷就比較多，經常比線下價格便宜，你該怎麼管理呢？直

播帶貨很受歡迎，可是主播們都要求品牌提供史無前例的低價，但是品牌這麼做會不會傷害其他通路的銷售呢？拼多多早期為了獲得客戶，長期用各種知名品牌的超低價格來吸引流量，這就會讓顧客對品牌價格形成誤解，也會擾亂品牌的定價體系，你要怎麼去處理呢？行業內突然進來一個「瘋子」，就是要用血虧的方式起盤，你跟進就會虧，不跟進客戶就會跑到對手那裡，你有什麼辦法嗎？

再來思考一個問題：特斯拉的降價有沒有傷害到它的消費者？特斯拉在進入中國後就不斷降價，當然它降價的原因有很多，比如有可能是因為量產之後製造成本大幅度降低，也有可能是為了打壓中國的造車新勢力，這個降價原因倒不是我要講的重點，重點是，特斯拉在顧客眼裡究竟值多少。

最新的特斯拉有更好的配置，價格卻比之前降低了許多，以前購買特斯拉的用戶就覺得買虧了。但問題是，當年他們爭先恐後地去購買的最新款特斯拉，是花更多的錢購買的，他們現在也覺得很值得，不是嗎？這裡還有一個併行的問題，就是購買手機的顧客現在都知道，未來的手機配置會更高，性能會更好，而價格可能會比現在更低。但是他們居然可以接受，你說這神奇不神奇？

顧客真的能判斷商品的真實價格和價值嗎？答案是，不會，

因爲商品的價格和價值本身就沒有固定的判斷標準。我說這些情況就是想告訴你，定價這個問題太複雜了。

定價問題的複雜，本質不在於它的難度有多高，比如一道奧數題或者一道至今未解的數學難題，它可能眞的很難，但是它是有標準解法的。定價的問題難就難在沒有標準解法，這就像你的女朋友剛買了一件新衣服，她穿上之後問你好不好看、感覺怎麼樣，這個問題看起來難度不高，但是它極其複雜，你的答案需要考慮多種因素，而最大的問題是你根本不知道最重要的因素是什麼。

筆記 25

三種定價策略——
基於顧客價值、競爭與成本

找對象沒有絕對的標準，它的各個要素之間具有很大的彈性，定價也是。

雖然定價問題很複雜，但我還是希望能提供一個基礎的定價思路和思考框架。

有三種影響定價的因素，它們分別是成本、對顧客的價值、同行或者競爭對手的價格。這也就是科特勒講過的基於成本、基於顧客價值、基於競爭的三種定價策略。

1. 基於顧客價值的定價策略

假設完全沒有競爭，對顧客的價值就是產品定價的上限。比如國家電網的電價，理論上來說是沒有競爭的，所以顧客能感受的價值就是電價的上限。你可能想到了，電對每個顧客的價值其實是不一樣的，所以電價並沒有理論上的完美上限，電價提升只

會讓一部分顧客減少用電。每個顧客對一度電的估值不同，如果價格超過了顧客感受到的價值，他們就會減少使用或者尋找可替代物。如果電價過高，許多使用者就會減少或者放棄使用空調。如果電價進一步提高，使用者可能連燈都不開了，他們會購買蠟燭或者自發電。之後我還會討論一個漢堡對顧客的價值問題，並由此誕生了許多定價策略。

蘋果手機定價非常高，蘋果公司的利潤也相當高，可以說，蘋果的定價已經脫離了基於成本的定價方式，它是以顧客的感受價值定價的。

顧客的感受價值，與成本有時候沒有特別大的關係。

舉個例子，雞肉的批發價格與牛肉相比差 3~5 倍，但餐廳裡以雞肉為主要原料的菜和以牛肉為原料的菜價格不可能差 3~5 倍。比如漢堡王的雞腿漢堡和牛肉漢堡，價格差異其實不大，但成本差別其實挺大的。雖然在顧客感知中牛肉確實比雞肉要貴，但不會有那麼大的價值差異，這就可以利用顧客的感受價值來賺取利潤。

不同文化對不同商品價值的評估也是不一樣的。中國人喜歡玉，有這樣的文化傳統，但西方人對玉石就沒有認同，認為就是一塊漂亮點的石頭而已，所以有人就在西方國家收玉器然後帶到中國來賣。

2. 基於競爭的定價策略

　　企業在市場中競爭，定價就要考慮競爭問題。如果產品沒有差別，理論上來說，競爭對手的定價也決定了你價格的上限。但現實生活中其實價格沒有這麼簡單，因爲即使是一卷衛生紙，在紙質、手感、使用便捷性、購買便利性、客戶服務、品牌感受、包裝材質等各個方面都可能產生差異，所以完全相同的產品幾乎是沒有的。

　　但是，即便沒有完全相同的產品，競爭對手的定價也會對你的定價產生非常大的影響。在整個世界商業史上，價格的競爭幾乎一直都在發生，而中國網際網路行業在價格上的競爭尤其劇烈。早年的「千團」大戰、電商大戰、共享單車大戰、滴滴出行和優步的血拼都是典型的例子。2020 年由於新冠肺炎疫情導致的線上教育市場大爆發，眾多玩家進來搶市場，猿輔導、作業幫、學而思、高途在線、新東方等大玩家在價格上簡直就是血拼，各家被競爭逼迫得幾乎就沒有考慮過成本因素。如果不是2021 年監管部門出手管理，這場大戰還不知道會如何結束。

　　如果對手的價格是穩定的，那你相對比較容易定價；如果競爭很激烈，價格在不斷變化，那你就很難預測競爭對手的反應。如果對手的反應和你預期的不一致，你就得不到想要的結果。德

州儀器在計算機定價上的預判失誤就是一個重大的定價戰略錯誤。

　　20 世紀 60 年代，波士頓諮詢公司率先發現了經驗曲線現象並提出了這個概念。經驗曲線其實是美國企業界普遍存在的一個現象：公司產品的生產成本會隨著企業成立的時間和市場占有量的提升而下降，然後就會形成對同行的成本優勢，這可能是因為規模效應，也可能是因為積累的行業經驗提升了生產效率。

　　今天看這個概念，我們很容易理解，但放在當時，企業家似乎並沒有發現這個現象，大多數廠商一般會認為大家的生產成本是相同的。商業經營的成功本質上其實是因為企業或者品牌在競爭中取得了競爭優勢。而認知優勢就是一種很大的優勢。這就像一個探索遊戲，別人是在探索地圖，而你早就知道寶物在哪裡了。

　　後來波士頓諮詢公司憑藉經驗曲線和波士頓矩陣兩個工具在戰略諮詢界「封神」，成為世界著名戰略諮詢公司。對客戶的服務，波士頓諮詢公司的早期典型策略是：先設定一個市場占有率的目標，透過經驗曲線來預測企業生產成本的下降幅度，然後直接降價到預期的生產成本附近，這樣就等於是用未來的生產成本定價，然後用低價與市場上的同行競爭。當同行還是狀況外的狀態時，企業已經快速占領了大部分市場。因為市場份額擴大，導

致成本降低，達到了一個同行無法企及的低成本狀態，如此基本就可以驅逐同行了。波士頓諮詢公司憑藉經驗曲線創造了一系列諮詢戰績。

1970 年左右，波士頓諮詢公司為德州儀器做戰略諮詢。那時德州儀器正在生產個人電腦，而當時的一臺個人電腦的價格高達 400~500 美元。波士頓諮詢公司預測隨著市場份額的上升以及技術的進步，計算機未來的價格會降到 10 美元左右，所以波士頓諮詢公司建議德州儀器採取激進的定價策略大幅降低售價，並隨著銷量的提升逐漸向 10 美元一臺的價格靠攏。當然這個策略看起來非常有效，德州儀器個人電腦的銷售量一路飆升，據當時波士頓諮詢公司的某些諮詢顧問回憶，其銷售量增長有時會達到每月 40% 的水準。德州儀器的計算機在 1971 年售出 300 萬個，1973 年時售出 1700 萬個，1974 年售出 2800 萬個，1975 年售出 4500 萬個，其年銷售額最終也達到 1 億美元，差不多占公司總收入的 1/10。成本和價格也按波士頓諮詢公司的預期下降，德州儀器在個人電腦市場中占據了絕對主導地位。然而這只是一個看起來美好的結果。

因為波士頓諮詢公司預測錯了一件事，那就是競爭對手的反應。因為當時經驗曲線的概念還少有人知道，也極少有企業會根據降低後的價格預測未來的銷量和成本結構，所以當一家企業把

價格降低到現有成本之下，同行很少能看懂這家企業想做什麼，結果就導致把大量市場份額讓給降價的同行。當降價的同行獲得大量銷售訂單的時候，它們的成本就開始下降，從而達到一個極具競爭力的水準，這時候其他同行就只能退出競爭。

但是，德州儀器的同行卻沒有這麼想。其競爭對手並沒有知難而退，在看到個人電腦市場的迅猛增長後，美國國家半導體和羅克韋爾半導體等新公司都陸續加入這一業務的競爭之中，有些競爭對手直到後來也沒有把市場拱手讓給德州儀器。1974 年美國經濟進入衰退，個人電腦市場增長放緩，許多企業的產品價格最終也達到了德州儀器的水準，接著這些企業就展開了一場血腥的價格戰。到 1975 年，個人電腦價格雪崩，德州儀器的庫存大幅貶值，公司在一個季度就虧損了 1600 萬美元。

德州儀器的例子有點極端，但根據競爭對手的價格水準來定價的方法和思路卻是必要的。企業不太可能處在一個壟斷市場上，消費者購買時也會考慮其他產品的價格，所以產品的定價不可能脫離對手的定價而獨立存在。任正非在一次答記者問的時候，提到蘋果是一家非常偉大和值得尊敬的企業，他說如果蘋果降價銷售，其他手機品牌都會死掉，但蘋果定價很高，有足夠的利潤空間，這讓其他品牌也有生存空間，這是一種利己利他的智慧。

但我們在中國看到的就不是這樣一種景象，每個品牌似乎都想做老大，還老想著消滅老二、老三，尤其是拿了投資的新品牌，關注份額甚於關注利潤。其實除了少數領域，市場上是需要並存多個競爭者的。中國有些企業，如果它在定價上損人利己我還可以理解，有些企業既損人又不利己，我就很難理解了。一個行業的正常運行，最好是在保持一定利潤的條件下在其他方面展開競爭，比如產品特色和服務優勢等。

當然，能統一認識到這個問題的企業不多，所以許多行業常常是血肉橫飛，當大家都意識到這個問題，才會慢慢改變競爭方式。它的難點還在於，只要有一家「楞頭青」企業不守規矩，整個行業就會特別難受。

我遇到過兩位創業者，他們在山東做成人用品。剛剛進入這個市場的時候，他們發現透過外賣可以賣成人用品，而且利潤很高。為了提升銷量，他們做出一個決定——降價促銷。結果，這個決定導致濟南市場的成人用品外賣商家集體降價競爭，最後不僅誰都沒得到好處，還讓整個行業的利潤大大降低了。他們最後也很後悔。

所以看一個行業是不是好行業，我認為有一個因素要考慮，就是這個行業的價格會不會持續提高。比如高端白酒就是一個價格會不斷提升的行業，過去這麼多年，從來沒聽說過茅台要降價

促銷占領市場份額的。如果茅台帶頭漲價，五糧液、瀘州老窖、郎酒會說「好，我們也漲價」。

20 世紀 90 年代開始的幾十年，啤酒行業就一直在打價格戰，有時都 2 元一瓶了，瓶蓋上還有「再來一瓶」的兌獎碼，所以這個行業各家企業只能死扛著，不斷透過降低品質來控制成本，整個行業都不好。後來市場上的玩家可能意識到了這個問題，現在紛紛開始做高端、精釀啤酒了。

3. 基於成本的定價策略

正常情況下，成本是產品價格的下限，除非企業有特殊目的，否則一個企業不可能長期以低於成本的價格來銷售產品。基於成本的定價，在大宗商品交易中比較常用。在 2C 的商業經營中，很少有僅僅根據成本來定價的，大部分還是基於競爭和顧客價值來確定價格。

反倒是在真實的商業競爭中，許多企業是基於定位和競爭來確定價格，然後再基於價格反推成本。蜜雪冰城目前有超過 13,000 家門店（數據來自 2021 年 7 月 7 日窄門餐眼），也是中國奶茶品牌中門市最多的品牌。蜜雪冰城定位在低價奶茶，全國非一線城市門市只做 10 元以內的產品。

基於這個定位，蜜雪冰城的產品開發首先考慮的是價格，然

後根據價格反推可以使用的原料，一般不會在現有供應鏈之外再去尋找新原料，這樣就能保持極低的原料成本，從而維持低價的競爭能力。蜜雪冰城的核心競爭力是低價，但不是很好喝，如果你想好喝就應該買喜茶。蜜雪冰城的競爭力是相對好喝，但絕對低價。只要維持這種品質和價格，新進入者就很難在盈利的情況下與蜜雪冰城進行競爭。它不是基於成本來定價，而是根據市場定位和競爭狀況來確定價格，用價格倒推成本，然後根據成本來研發新品。

筆記 26

當價格上漲 5% 會發生什麼？

定價的威力常常被我們忽視了。

價格，就是消費者爲購買一件商品或者服務要支付的貨幣的數量。任何一件商品都會有一個價格，即使是免費的，它也是一種價格。

而確定一件或者一系列商品在一個時間周期內不同情況下的價格，就叫作定價。爲什麼要把這個定義寫得如此囉唆呢？就是因爲定價很難簡單地說清楚。比如，飛天茅台多少錢一瓶？這個答案就很難簡單地回答。2021 年，茅台酒廠對飛天茅台的官方指導價格是 1499 元，茅台給經銷商的出廠價是 969 元，但是你能用 1499 元的價格買到飛天茅台嗎？不能。因爲一般終端網點的售價都是 2500 元左右。一般電商平臺還會用 1499 元的茅台價格來吸引客流，能不能搶到則是你的運氣。同時回收市場對不同年份飛天茅台的定價也不同，比如 2001年產的飛天茅台，回收價格是一瓶 5000 元左右。你看，你根本就沒法準確地說出一瓶

飛天茅台的價格是多少。

你可能說茅台太特殊了，普通商品就不會這麼複雜。不是的，事實上普通商品的價格也很複雜。比如一卷衛生紙，你平時在超市買是一個價格，超市做活動是一個價格，買一包十卷是一個價格，社群團購、拼團、「雙十一」等價格又會不一樣。所以你並不能準確地說出一卷衛生紙的價格，你只能確定地說出某個時間、某個通路、購買一卷某某牌衛生紙的價格是多少。

簡單地說，如果企業的存在就是爲了追求利潤，實際上只有三個可測量的因素對企業利潤有影響，它們分別是：價格、銷量、成本。因此，利潤公式是這樣的：

利潤＝（價格×銷量）－成本

公式中的價格，是對企業利潤影響最大、最敏捷的因素。因爲銷量的提升受制於許多因素，成本的下降短期內也無法達成，價格卻是在一秒鐘之內就可以改變的因素。比如線上商品的價格，你可以隨時調整，目前有不少線下門店採用了可以由總部直接控制的電子螢幕菜單，配合統一的收銀系統，可以瞬間實現提價或者降價促銷。不但如此，價格的改變可以對銷量產生可觀的影響，但銷量反過來對價格沒有太大的影響力。

　　假如你開了一家奶茶店，為了計算方便，假設你只銷售一種珍珠奶茶，每天的固定成本（包括店租、人工和機器折舊費用）總計是 1500 元，每杯珍珠奶茶定價 10 元，原料成本 5 元，平均每天銷售600 杯，這家奶茶店的利潤如下：

$$（10×600）－1500－（5×600）＝6000－1500－3000＝1500$$

　　營業利潤率就是 25%。如果要提高這家奶茶店的利潤，那就只有三種辦法：提高價格、降低成本、提升銷量。現實中這三種情況可以並列發生，當然你很難既提高價格，又提升銷量，還同時降低成本。我們現在來看三種簡單的情況。假設固定成本不變，分別是單杯價格提高 5%、單杯奶茶原料成本降低 5%、銷量提升 5%，同時假設這幾個因素的變化對其他因素的影響可以忽略不計，利潤會怎麼變化？計算結果如下表所示。

	利潤影響因素		利潤		利潤提升幅度
	之前	之後	之前	之後	
價格	10 元	10.5 元	1500 元	1800 元	20%
單杯成本	5 元	4.75 元	1500 元	1650 元	10%
銷量	600 杯	630 杯	1500 元	1650 元	10%

可以看到，價格提高 5% 之後，奶茶店一天的利潤提升了 20%，而提升 5% 的銷量或者降低 5% 的單杯原料成本，利潤提升的效果卻差了一半。我們這個簡單計算中，奶茶店之前的純利潤高達 25%（1500 元 ÷6000 元），這在餐飲品牌中算是很高的純利潤。海底撈2019 年的主營利潤率是 11.98%，這是一個行業內比較正常的利潤率，如果我們以 10% 左右的利潤率來計算，提價 5% 對利潤率的影響會更大。

現在假設每天的固定成本費用總計是 2400 元，每杯珍珠奶茶定價 10 元，原料成本 6 元，平均每天銷售 800 杯，這家奶茶店的利潤如下：

$$（10×800）-2400-（6×800）=8000-2400-4800=800$$

營業利潤率是 10%，這符合正常的餐飲企業利潤率。我們再改變一下影響利潤的三個因素，計算結果如下表所示。

	利潤影響因素		利潤		利潤提升幅度
	之前	之後	之前	之後	
價格	10 元	10.5 元	800 元	1200 元	50%
單杯成本	6 元	5.7 元	800 元	1040 元	30%
銷量	800 杯	840 杯	800 元	960 元	20%

　　在正常的企業經營中，只要企業能在不影響銷量的情況下略微提高價格，企業利潤就可以大幅增長，而且價格是在影響利潤的三個要素中最簡單、最快速、最有效的調節要素。因為要想提升銷量，企業必然要配合做一些推廣活動或者其他改變，要想降低成本，也不是一時半會兒可以做到的，只有調整價格可以瞬間做到。

　　有人基於美國《財富》世界 500 強企業 2015 年的利潤率做過一個假設，如果這些企業能將自己的產品價格平均上調 2%，而且保持銷量和成本不變，那麼整個世界 500 強企業的利潤率將大幅提升。最誇張的是亞馬遜，如果亞馬遜能在保持銷量不變的情況下將所有商品價格平均提升 2%，它 2015 年的利潤將會增長 276.2%。本田汽車可以將利潤提升 65.2%，惠普的利潤可以提升 37.9%，即使是利潤極高的蘋果公司，也能將原有利潤提升 6.7%。

　　也就是說，價格的提升相對利潤來說是一個巨大的槓桿，價格的微小變動就會造成利潤的巨大變動，而且利潤率越低的企業價格變動的槓桿越大。最重要的是，這種價格的微調是在消費者幾乎沒有察覺的情況下進行的。

　　我們假設剛才奶茶店的第二種情況，原來奶茶的售價是 9.9 元，提價 9 分錢到 9.99 元，價格提高只有 0.9%，這種提價顧客幾乎是感受不到的。代入公式計算一下就知道，奶茶店的利潤會從 720 元提升到 792 元，利潤率居然提高了 10%。這真是神奇的定價魔術啊！

筆記 27

圖書價格、公眾號打賞與消費者剩餘

你永遠都不可能搞清楚一本書究竟值多少錢。

圖書行業的定價邏輯是什麼呢？說起來有點搞笑，基本上是按照圖書印刷的頁數來定價，或者說是按照印刷一本圖書所耗費紙張的成本定價的。我在寫這部分內容的時候，書桌上放著一本 2015 年版的《市場行銷》，作者是著名行銷大師菲利普‧科特勒。這本書正文 612頁，平裝版，大 16 開本，字數約 92 萬，定價 79 元。另一本是 2016年版的《華杉講透〈論語〉》，正文 678 頁，平裝，16 開本，字數約 69 萬，定價 68 元。這大概就是圖書的定價邏輯，後來出版的圖書因為紙張、人工漲價，定價可能會略微高一點，不過依然還是「賣紙」的邏輯。

如果有一本書你想賣貴一點怎麼辦？那就出精裝版，用彩色印刷，用更好的紙張，這樣讀者就會覺得這本書應該更貴一點。雖然圖書產品的核心是圖書的內容，可圖書的定價基本和內容好壞沒啥關係。

　　問題是，圖書的價值，最重要的不正是圖書的內容品質嗎？一本書如果寫得好，它並不能定更高的價格。你寫得好，賣得就多，版稅就更高，但基本上你不會因爲寫得好就能賣出一個更高的價格。

　　那圖書的價格爲什麼不能根據內容品質定價呢？不是他們不想，而是沒法這麼定。因爲一本圖書內容的品質根本就沒有固定的評價標準，但是印刷成本是可以計算的，所以圖書還是在「賣紙」，紙多就貴一點，紙少就便宜一點。這也會導致有些圖書在設計上取巧，比如把字印大一點，把行距放大，把頁邊距變大，總之就是在字數有限的情況下，讓這本書頁數變多，這樣就能賣更高一點的價格。

　　圖書這種定價方法就是典型的成本定價法。它不是根據給顧客帶來的價值定價，因爲那樣定價非常難。

　　一本書，對不同的讀者來說其實價值是不同的。比如我的第二本書《朋友圈的尖子生》，有的讀者讀完評價說這本書價值百萬，而有些讀者讀完就沒那麼大的感受，感覺就是看了幾個人的故事而已。那麼，圖書能不能根據對不同讀者的價值來定價呢？很難，但也不是完全沒有辦法，我就想到了一個辦法。

　　我在《朋友圈的尖子生》這本書的後記中放了一個收款QRcode，提醒讀者如果看完這本書覺得特別有啓發，可以給我

打賞。所以這本書出版後幾年內，我還陸續收到一些讀者的打賞，有位讀者甚至給了我 888 元的一次性打賞。你看，我就是透過這種打賞機制，爲圖書的定價增加了一種根據顧客價值定價的方法。

我在得到做顧問時和脫不花討論過這個問題。你可能知道，得到推出的第一個付費專欄是《李翔商業內參》，當時定價 199 元，所以後來得到出的所有專欄都定價 199 元。但問題是，每個專欄的價值是相同的嗎？你要問當時 199 元的價格是怎麼確定的，其實也沒那麼複雜，當時大家商量了一下就定了。

所以後來得到推出了打賞功能，如果你聽完一節課覺得收穫很大，你是可以給講師打賞的，這同樣是把定價權交給了消費者，也就是按照顧客價值定價。所以我認爲公眾號打賞是一個非常重要的功能創新，雖然它的誕生未必是因爲「定價」，但它確實創造了一種按照顧客價值定價的方式，讓內容創作者獲得了更多的收入。

眞實的商業運行中，單純按照顧客獲得價值定價的情況並不多，因爲即使是同樣的商品，每個顧客感受到的價值也是不同的。這裡就有了一個經濟學概念：消費者剩餘。什麼叫作消費者剩餘呢？

比如得到的一個專欄統一定價 199 元，可有人覺得這個專欄

對他來說至少價值 1000 元，那麼在這個交易中，801 元就是這個顧客的消費者剩餘。所以這個專欄定價只要不超過 1000 元，這個顧客都會願意掏錢買它。理論上來說，商家只要知道這個商品為消費者帶來的價值，他們就可以透過調高定價來減少消費者剩餘，從而獲得更高利潤。這幾年經常議論網際網路「殺熟」，你會發現不同用戶看到的價格是不一樣的，那些付費意願強、付費能力高的用戶，可能會看到一個更高的價格。其實這就是商家在定價中根據這個顧客的消費能力和消費意願來抬高價格，降低了顧客的消費者剩餘。

不過我們不要被消費者剩餘這個名字誤導，其實在交易中商家和顧客都存在「剩餘」。仍然以得到專欄舉例，199 元的價格，如果有人覺得這個專欄對他來說只值 99 元，199 元他是不會買的，那得到能不能以 99 元的價格與他成交？雖然實際操作不太現實，但理論上來說得到複製一份電子專欄的成本接近於零，所以得到賣 99 元也不虧。假設得到一門課的成本（包括製作人工、講師版稅等）是 90 元，那麼賣 99 元它也不虧，只要售價高於 90 元，得到在交易中就有商家交易剩餘。所以消費者剩餘的概念本質上應該叫作「交易者剩餘」，它對賣家和買家是同時存在的。

如何最大程度地榨取消費者剩餘，也就是以顧客感知的最高

價值成交？拍賣就是這種極端的定價方式。拍賣中每一位顧客都會根據自己認爲的拍品價值出價，直到出現全場最高價爲止。這時候我們可以認爲，這次交易中這件物品的價格已經達到顧客價值的極限，也就是顧客的消費者剩餘爲零，而拍賣者獲得了最高的賣方剩餘。

目前最普遍採用這種定價方式的是各個網際網路的廣告競價系統，百度的關鍵詞、阿里巴巴的神馬搜索都是以這種方式投放關鍵詞廣告的。

市面上系統講定價的書並不多。儘管定價是 4P 行銷框架中的重要 1P，科特勒的《市場行銷》中對定價的闡述也不多，書中講的三種基本的定價策略是基於顧客價值、成本和競爭。科特勒自己在書中也坦承，這些策略說起來簡單，但在具體執行中相當具體而且困難，因爲需要考慮的因素太多了。

比如基於顧客價值來定價，書中舉了百達翡麗（Patek Philippe & Co.）的例子，說百達翡麗並不是基於成本來定價的，而是基於顧客感受的價值。但是這個成本指的只是百達翡麗的製造成本，如果你要綜合考慮百達翡麗在整個生產和銷售中的成本，那就是另一回事了。爲了維持百達翡麗奢侈品的形象，百達翡麗的辦公場所、專賣店或者櫃檯、廣告代言人、廣告媒體等幾乎都是最貴的，而且每一位顧客感受到的百達翡麗價值也都不

同，所以你要說百達翡麗是以顧客價值為基礎的定價，我也不能完全同意。

我們在為客戶諮詢服務的過程中，通常要綜合考慮多種要素來為客戶提供定價的建議。

筆記 28

一個漢堡的定價「詭計」

商業世界中的一道計算題，會有多種答案。

現在，你可以準備一支筆和一張紙，來計算一個簡化了的商業定價問題，它的題目是這樣的：

假設你開了一家餐廳，只賣一種漢堡，而你的餐廳一天只會進來四個顧客（準確地說，這四個顧客代表的是四種類型的顧客）。他們每人能接受的漢堡最高價格是不一樣的。第一個顧客對漢堡願意支付的最高價格是 25 元，第二個顧客是 20 元，第三個顧客是 15 元，第四個顧客是 10 元。

如果定價低於或等於顧客的最高承受價格，則會成交；如果高於顧客的最高承受價格，則顧客會流失。一個漢堡的成本是 5 元，如忽略房租、人工等成本，請問怎麼定價才能獲得最大利潤？如果這僅僅是一道算術題，這個答案其實很簡單。

定價 25 元，只會有一個顧客成交，利潤是：25－5 ＝ 20 元。定價 20 元，有兩個成交，利潤為：（20－5）×2 ＝ 30 元。

定價 15 元，有三個成交，利潤是：（15－5）×3＝30 元。

定價 10 元，四個顧客都會成交，利潤是：（10－5）×4＝20 元。

當然還可能有別的定價，不過你可以計算一下，利潤最高就只有 30 元；如果你想少做點事，那就選定價 20 元，做兩個漢堡，利潤最高。如果僅僅是一道數學題，那沒別的答案。

但真實的商業實踐卻並非這麼簡單，我們可以來看看真實的商家是怎麼做這道數學題的。

肯德基豪華午餐就是一個例子：平時的套餐價格與一般商業午餐階段的價格不一樣，肯德基價格要低很多。

讓我們來簡化一下豪華午餐的計算，依然假設只有四個顧客，而且假設我們知道這四個顧客心中的最高購買價格（如前所述），為了方便表述，我們稱這四個顧客分別是 A、B、C、D。我會怎麼設計漢堡價格呢？

我會設計成這樣的價格政策：

平時漢堡單價 25 元，工作日午餐時間（12:00～13:00）漢堡售價 15 元。因為午餐時間非常擁擠，A 不想去湊這個熱鬧，他選擇在非午餐時間用餐，出價 25 元，餐廳獲利 20 元；B 和 C 想獲得優惠，他們會在工作午餐時間就餐，這樣每個人獲利 10 元，售出兩個，利潤 20 元，那麼，我就可以獲得 40 元利潤。

　　A 是不是冤大頭呢？不是。A 獲得了選擇時間的自由，以及不必忍受工作日午餐時間段的擁擠和排隊之苦。

　　當然人類的商業智慧可不止肯德基豪華午餐這一種。你可以再思考一個問題，爲什麼麥當勞會長期發放優惠券，卻很少打折呢？其實這也是一種定價策略，因爲麥當勞想獲得更多的用戶，賺取更高的利潤。

　　麥當勞可以這麼規定，它提供三種漢堡：

　　雙層麥香魚、照燒雞腿堡、大麥克。假設三種漢堡正常售價都是 25 元，但麥當勞提供照燒雞腿堡的優惠套餐——20元一個照燒雞腿堡＋一杯1小可樂（可樂成本可以忽略不計）。使用優惠券購買大麥克只要 15 元但沒有可樂。

　　那麼 A、B、C 三個人都可以成交，A 用 25 元買一個漢堡，種類可以自由挑選；B 自己去尋找優惠券，用 20 元買一個照燒雞腿堡套餐；C 也找到了優惠券，用 15 元買了一個大麥克。

　　現在，麥當勞的總利潤是 20+15+10＝45 元。（注：這是個簡化的算法，假設漢堡成本相同。）

　　這種定價方法就是通常所說的價格歧視。所謂價格歧視，就是商家針對同樣的產品對不同的人按不同的價格收費。

　　你可能會覺得 A 很傻，願意多花錢買一樣的漢堡。其實不是。用優惠券購買的消費者，他們也不是白白占了便宜，首先顧

客要付出時間成本花時間尋找優惠券；其次他們還要付出選擇的自由，因為他們只能選擇優惠券規定的商品。航空公司的定價策略就是典型的價格歧視，比如早訂票就可以打折，晚訂票價格就高；訂全票就可以免費退改簽，打折票要收改簽費；等等。

那還有沒有辦法獲得更高的利潤呢？

我假設一家漢堡叫漢堡大王，有一天，A 走進漢堡大王驚訝地發現，漢堡大王推出了客訂漢堡。在 A 排隊買漢堡的時候，店員對他說：「漢堡是 25 元，但你只要多花 5 元，就可以購買到一個包裝盒上貼有自己頭像的北極蝦風味漢堡。」A 覺得把自己頭像貼到包裝盒上非常酷，所以願意多花 5 元錢購買這個服務。這個漢堡包裝盒上的頭像貼就是漢堡大王的備選產品，我們把這個叫作備選產品定價。你購買一臺洗衣機，商家可能會順便向你推銷「加 99 元 5 年免費維修」的服務，這個 5 年免費維修的服務選項就是一個備選產品。

漢堡大王的國王牛肉漢堡定價 20 元，雞腿漢堡定價 15 元，如果你真的囊中羞澀，漢堡大王還有一個極簡漢堡裝，但需要提前一小時在網上預訂，這就是只要 10 元的極簡牛肉漢堡。

你看出來了，現在 A、B、C、D 四位顧客都可以買到他們想要的漢堡了，漢堡大王獲得了更高的利潤。

這種定價方式我們稱為「差別定價」，就是商家為了滿足支

付能力和消費偏好不同的顧客，推出不同的產品，有時候這又被稱為「產品線定價」。當然我們用漢堡做例子可能還沒那麼貼切，最普遍的是圖書行業，精裝版和平裝版圖書就是典型的差別定價。

就一個漢堡，我們剛才使用了價格歧視、差別定價、優惠券、限時促銷（豪華午餐價格）、捆綁銷售（「漢堡＋可樂」套餐）、備選產品定價等方法，當然還涉及我們之前筆記中講到的消費者剩餘這個概念，因為價格歧視其實就是為了獲得更多的商家剩餘。

我想專門再說一說價格歧視這個定價方法。

《大辭海》（經濟卷）中對價格歧視的定義是：壟斷者在出售相同產品時向不同消費者收取不同價格的定價方式。其目的是把消費者剩餘轉換為生產者剩餘。價格歧視在公用事業部門最常見，如工業用電一般比民用電更貴。

這個詞的解釋有一個前提，那就是進行價格歧視的是「壟斷者」，這是不符合現實情況的，因為即使是普通的商家也可以進行價格歧視定價（我們剛剛講過了）。不過這個詞後面的解釋完全正確，價格歧視就是向不同的消費者銷售相同的產品時收取不同的價格。

還有些講定價的文章或者圖書，說頭等艙和經濟艙的定價不

同，就是對購買頭等艙的「有錢人」進行了價格歧視，這個解釋有待商榷，因為頭等艙和經濟艙本來就不是同樣的商品。價格歧視的關鍵是同樣的商品賣了不同的價格，如果頭等艙相對於經濟艙來說算價格歧視，那麼三房的租金要比兩房租金貴，這個難道也是價格歧視嗎？我想沒有任何人會覺得這是一種價格歧視。

價格歧視有三個級別。

一級價格歧視，也叫「完全價格歧視」，就是相同的商品，針對不同的顧客收取不同的價格。頭等艙和經濟艙顯然不是相同的商品，所以定價不同，不屬價格歧視。但是經常坐飛機的話，你應該知道即使在同一架飛機上，經濟艙和經濟艙的價格也是不同的。因為有人提前三個月訂機票，有人當天訂機票，雖然是同樣的座位，價格卻完全不同。

明星的代言價格，也是一種價格歧視。目前中國一個一線明星一年的代言費是 1500 萬元左右，即使代言的權益和使用範圍完全相同，不同品牌找代言人的價格也是不一樣的。明星代言的價格，一般遵循品牌越知名越便宜的規律，比如愛馬仕要找代言人，代言費一般會便宜一些；一個不知名品牌或者形象不算很高級的品牌，明星的代言費就會更高，差距可能會達到幾百萬元。

購物中心的租金也是看人要價。同樣五樓餐飲層的位置，海底撈入駐很可能免費，一個普通火鍋品牌入駐就是正常價格。星

巴克也能長期享受優惠的租金價格，所以學習星巴克模式的品牌，首先要想到你和星巴克的租金成本是不一樣的。

　　諮詢公司的報價則常常相反。同樣的一個諮詢產品，它們報給大企業的價格可能會更高，因為它們認為大企業付費能力強，小企業付費能力弱，那對小企業就少報一點，這也是一種一級價格歧視。

　　二級價格歧視，就是根據購買數量不同而定價不同。超市的大包裝食品，就是一次買得越多越便宜。這種價格歧視我們很容易理解，畢竟購買量不同價格不同在情感上還是能夠接受的。

　　當然商家有時候也會利用這種二級價格歧視。有一次我在線上購買一個兒童博物館直播參觀的課程，單獨購買的價格是 60 元，而三人團購買的單價是 19 元，也就是說，三個人一起買三堂課的總價，比一個人單獨買一堂課的價格都低。那為什麼商家不能把一堂課的價格定為 19 元呢？因為商家的核心訴求並不是要賣更高的價格，而是獲得更多的客戶。團購的話，一個客戶就可以帶來兩個新客戶，所以它用團購的價格歧視方式來獲得更多用戶。拼多多的團購買就是這個道理，它能透過團購產生快速社交裂變[19]。這種價格歧視本質上是拼多多透過「價格優惠」雇

19　編注：透過客戶的社交影響力，把產品及服務快速擴散，產生影響力。

用了顧客，讓顧客爲拼多多工作，產生了拉新[20]。這就像一棵桃樹，它爲了把自己的種子傳播出去，就讓種子外面長滿了鮮美的桃肉，所以猴子會過來吃桃子，吃完之後就把桃核丟到了別的地方，猴子無形中幫桃樹傳播了種子，而桃肉就是桃樹給猴子的報酬。

三級價格歧視，就是針對不同市場或者不同身分類型的消費者收取不同的價格。

最典型的是火車票以及公園裡的兒童票、老人票、學生票，特定人群就能享受更低的價格，這不僅有獲取更多利益的考慮，還兼顧了社會公益的問題。

當然火車票和公園門票的經營者都爲國有，不會太考慮經營利潤的問題，那社會上的商家會不會採用用三級價格歧視呢？也會。比如必勝客就推出過學生卡優惠，畢竟學生對價格比較敏感，必勝客用學生優惠價來獲得額外的客戶，不僅增加了利潤，還能培養未來的消費者習慣。

有時候，三級價格歧視還被用作一種行銷活動。我們公司的一個客戶叫人人饞，它的核心產品是自己祕製的羊湯與餄餎麵[21]。餄餎麵是源自河南郟縣的一種地方美食，人人饞的老闆魏

20　編注：指透過各種方法為產品不斷導入新客戶。
21　編注：是中國北方的一種特色麵食。

總也是河南人，所以人人饞開業當天會請河南老鄉免費吃麵。這個活動很有意思，以至大家忘了它是一種價格歧視，本質上，這就是一種基於地域和身分的價格歧視。

價格歧視的原因和目的各有不同，但表現形式是一致的，就是相同的商品面對不同的客戶收取不同的價格。麥當勞的優惠券讓麥當勞擴大了客戶群體，讓那些吃不起正常價格又想吃漢堡的顧客有機會去消費，而麥當勞也賺到了更多的利潤；拼多多的拼團價，是為了讓顧客幫忙拉新，這種價格歧視的目的是用「優惠」雇用顧客來做行銷；有些酒吧會對女性顧客免費，這就是三級價格歧視，這是為了讓更多女性顧客進店以吸引更多男性顧客。

你也可以想想，平時遇到過什麼商家的「價格歧視」套路沒有。

筆記 29

錨定價格會影響商品價格

所有的知識都源於我們的感知。——達·文西

價格也不過是一種感知而已。

你有沒有過下面這種購物體驗？

星期天上午，你去購物中心買一件可以在公司年會上穿的衣服，你的預算是 800 元。到了購物中心某個你喜歡的品牌店裡，你看上了一件帶蕾絲的黑色超短小禮服，你想，這件應該 600 元左右，符合你預算。然後你問門市小姐這件衣服的價格，她熱情地介紹了這件小禮服的特別之處，它的質料如何高級，如何適合你白晰的皮膚和高挑的身材，它的鈕扣是用鸚鵡螺貝殼做成的，它還配送一枚高級胸針，等等。然後她說，這件衣服售價 1600 元。

聽到這個報價，你猶豫了，因為你的預算只有 800 元，但這件衣服你真的很喜歡，而且穿上一定會在氣質上秒殺年會上的其他女生。但是，1600 元的價格實在是有點貴了。你在想，如果

1200 元，那我就買了。

這個時候，門市小姐說，這件衣服剛上市才一周，非常搶手，店裡現在也只剩下 3 件了。這樣吧，公司推出了一個針對老顧客的優惠活動，過去一年內在本店購物金額超過 5000 元的顧客，將能獲得 400 元的折扣，而你剛好符合這個條件，所以你今天是可以用 1200 元拿走這件可以讓你在年會上大放異彩的黑色小禮服的。「太好了，我太開心了。」你這麼想，1200 元也不貴，你立刻愉快地付了款。

這樣的體驗是不是聽著很熟悉？而你也從來沒有後悔過那個決定，不過我告訴你，你中計了，這是商家的一種定價詭計，它叫作錨定價格。

有一個來自美國的故事，就講述了錨定效應這種古老的應用。

20 世紀 30 年代，有兩個兄弟在紐約經營著一家服裝店。兩兄弟一個是銷售員，一個是裁縫。當一個顧客走進門來，銷售員會觀察顧客的喜好。當顧客詢問價格的時候，他就會對著他那位裁縫兄弟喊：「這套西裝多少錢？」「那套漂亮的西裝嗎？ 42 美元。」裁縫兄弟會大聲回復，以便讓顧客清楚地聽到這個價格。然後，銷售員就開始了他的表演，他好像沒聽清楚裁縫說了

什麼，儘管大街對面咖啡店裡的顧客都已經聽到是 42 美元了，他還是會問：「多少錢？」「42 美元！」這個價格又被重複了一遍。售貨員好像聽清楚了，他轉向顧客說：「先生，這套西裝售價是 22 美元。」這時候顧客不禁大喜過望，他會立刻從皮夾子裡掏出 22 美元放在櫃檯上，帶著西裝迅速離開。

所謂錨定價格，就是顧客第一次看到或者聽到的價格，會直接影響他之後對商品價格的判斷，而他之後對價格判斷的標準會接近第一次看到或聽到的這個價格。所以，儘管你本來的預算是 800 元，但是服務生向你報出的第一個價格是 1600 元，你的心理預期就會迅速被提升，當你知道可以用優惠的價格 1200 元購買到這件黑色超短小禮服的時候，你的感激之情油然而生，你簡直想把朋友圈裡最好的單身男生立刻介紹給她。

錨定價格是從心理效應「錨定效應」借鑒過來的，錨定效應的應用範圍更廣。比如你應聘了一家公司，當公司面試者問你的薪水期望時，你會怎麼應對呢？

大部分人的反應是，我想先聽對方怎麼說，然後根據對方的報價來調整。因為你擔心自己說的價格太低了，而對方想要開出的薪水範圍可能會更高一些。其實這種想法是不對的，在談薪水的時候，首先說出價格的人就對薪水進行了錨定，所以你要做的不是等對方報出薪水範圍，而是首先向對方報一個你能想像到的

最高薪水，這樣你就對薪水的價格進行了一次錨定，而對方不得不根據你報的價格調整他薪水的心理預期。

有研究表明，當一個顧客在看到商品價格之前，你隨便讓他看一個與價格無關的數字，而且這個數字要足夠大，他都會受到這個價格的影響。

比如我在自己的公眾號銷售《朋友圈的尖子生》的時候就要了一個小花招，我在這本書的介紹頁面寫了一句話：「有讀者讀完之後感嘆說，這本書價值 100 萬。」這是在預售階段一位早期讀者對我這本書的評價，為了產生一個錨定效應，我把這句話放在介紹頁面。雖然具體效果我沒有進行過對比測試，但我這本書確實賣得不錯。

錨定價格在許多商業實踐中都有應用。

一般宴客型餐廳的菜單，第一頁就是本店的招牌菜和最貴的菜。比如以海參、鮑魚、大閘蟹或者龍蝦為食材的菜品，一般單盤菜的價格都在 300~500 元，這種菜單設計，除了展示本店的招牌菜，還有一種動機就是錨定價格。顧客第一眼看到了這種比較貴的價格，接下來一兩百元一道的菜品也就不會覺得貴了。

旅行箱、皮鞋、包包、珠寶首飾等這些線下門店，都會有一個價格特別高的同類商品，但這件商品本身並不承擔銷售主力的功能，而中等價位的商品才是店鋪中的爆款。這個最貴的商品就

是整個門店中的價格錨點，它讓光顧的顧客覺得另一款商品價格「沒那麼貴」。

商業談判中，通常是先報價格的一方會掌握主動權，因為你第一個報出價格，相當於在談判中首先對價格進行了錨定。這與我們的直覺有點相反，在談判中，我們傾向於先試探出對方的心理價位，其實這很難做到，因為對方在努力掩飾自己的心理價位的時候，也想試探你的報價。

這個時候，與其努力摸清對方的底線，還不如直接報出一個更高的錨定價格。如果能夠以錨定價格成交，那對你來說一定會超乎預期；即使對方再砍價，也很難突破你的心理底線。總體來說，這是一個有效的報價策略。

筆記 30

定價案例——
從小米的定價中我們能學到什麼？

大部分學小米的企業都死了。

　　我先強調一點，小米的定價並不完美，我在這裡也不是想和你說定價要學小米，因為有許多品牌學小米的定價就學死了。我在這篇筆記會復盤一下小米定價的歷程和思路，從中讓你得到一些思考，而不是盲目地抄襲。更何況，小米的定價也是在不斷變化中的。

　　小米創始人雷軍現在是家喻戶曉的人物，但雷軍在做小米之前，其實已經是一個網際網路老兵了。雷軍創辦小米前任職的公司叫金山，雖然這也是一家上市公司，但名氣顯然沒有如今的小米大。

　　2010 年的雷軍 41 歲，在網際網路圈子裡，這個年齡如果還沒有大成之相，似乎很難再折騰出大名堂來了，感覺金山也就是雷軍的人生巔峰了。可是雷軍卻準備做一家手機公司。小米的創

業故事大家都很熟悉，我就不詳細講了，我只想從小米的創業歷程中梳理一下小米的定價邏輯。

我們事後諸葛地去看小米，似乎覺得小米從一開始就是戰略正確，必有大成。其實雷軍創辦小米的時候可沒有這個自信，所以小米創立初期是對外保密的，可能覺得做不成會很丟人吧。初創陣容相當豪華，屬創業公司的頂配，除了雷軍，其他 6 位聯合創始人如下：

原Google中國工程研究院副院長林斌；原摩托羅拉北京研發中心高級總監周光平；原北京科技大學工業設計系主任劉德；原金山詞霸總經理黎萬強；原微軟中國工程院開發總監黃江吉；原Google中國高級產品經理洪峰。

2011 年 8 月 16 日，小米公司的第一支手機發布，型號是M1。手機配置上，當時的高通 MSM8260 雙核 1.5GHz（吉赫茲）主頻 CPU（中央處理器），是全球主頻最快的智能手機；Adreno 220 圖形芯片、1GB 內存、4GB 機身存儲， 支持 32GBMicroSD。這個配置，看起來有點陌生，因爲畢竟距離今天已經有十多年了。這不重要，但是你要知道當年三星推出的 GalaxyS2 售價高達 5900 元，同年推出的蘋果 iPhone 4S 在中國售價爲4988 元，同年中國產手機中的當紅品牌魅族新機 M9（512M 內存）售價是 2499 元。而小米，內存是同年 魅族 M9 的兩倍，售

價只要 1999 元。

小米的口號是：為發燒而生。其實買小米手機的顧客真談不上發燒友，如果真的是手機發燒友，他們應該買三星和蘋果。只是這句口號讓買小米的顧客覺得有面子，而且 1999 元的價格真是業界良心，從此之後小米就在不斷扮演著「價格屠夫」的角色。

小米第一款手機發布的時候，雷軍說，為了節約行銷成本，小米只在小米網進行銷售。就是這句話，讓小米在之後許多年裡都陷在「只在小米網銷售」的困頓中。

這個超出預期的定價讓小米成為搶手貨，第一代小米賣出30 萬支手機用了不到 3 個小時，手機業為之震驚。雷軍在創業之初曾經跟兄弟們說，要用 4 年時間做一個100 億美元的公司，結果小米手機開售 3 個小時候，目標就變成了要做一個 1000 億美元的公司。

2011 年，小米銷售收入 5.5 億元。

2012 年，126 億元。

2013 年，316 億元。

2014 年，743 億元。

2011 年很美好，2012 年也很美好，2013 年小米紅透了。我記得2012 年我和朋友正在創業做一個在線教育網站第九課堂，

曾經組織過一次小米的參訪培訓，3 個小時收費 1200 元，瞬間爆滿。小米成為網際網路和傳統行業競相學習的對象，那時候也有無數行銷大師認領了小米策劃、顧問的頭銜，透過講小米方法論圈了好多錢。

2013 年 12 月，雷軍和董明珠女士打了一個賭，賭資 10 億元。

2014 年，小米的營收依舊特別美好。那時候小米主要用線上銷售的方式賣出了 6000 萬支手機。我聽小米聯合創始人劉德講過課，他說那時小米內部顯然膨脹了，覺得做得太好了，沒有意識到後來的很多問題。

如果你關注網際網路，應該會有感覺，2105 年和 2016 年小米有點沉寂，外界各種消息滿天飛，一會兒說小米融不到錢了，一會兒說小米海外市場出現了問題，一會兒又是增長乏力。小米在 2015 年和 2016 年的營收，分別是 780 億元和 790 億元，如果以一個傳統企業的角度看，好像沒什麼問題，但是從網際網路企業的角度看問題就非常大。過去幾年的高速成長一旦慢了下來，就會出現很多問題。

小米提交的上市材料顯示，小米 2015 年的經營利潤是 13.78 億元，營業收入 780 億元，淨利潤不到 2%。如果發展速度快，即使沒有利潤（比如亞馬遜）也不是什麼問題，因為背後會有大

量投資機構給這樣的公司輸血，但如果利潤不高，發展又失速，就會面臨巨大的問題。

　　小米當時的問題出在哪？

　　我們說任何成功都不是單一因素造成的，失敗也同樣不是。小米當時出現的問題，與競爭環境、公司管理、供應鏈等都有關係，我今天只從定價這個角度來聊一聊。

　　小米的定價是小米當時成功的關鍵要素。其實所謂「性價比高」並不是單純的低價，同樣的價格性能更好，同樣的性能價格更低，都可以算是性價比高。小米手機初期顯然並不是性能好很多，更沒法和蘋果手機來比，只能說它和類似手機相比價格更低。而且小米早期利潤微薄，它的性價比不是靠節省成本節省出來的，而是靠背後的融資和透過對未來的預測計算出來的，只要這麼做有未來，現在虧不虧就無所謂，資本投的也是未來的收益。

　　小米的低價，一個是來自對未來的預期，從而可以忍受一段時間的虧損；另一個來自它自有的電商通路，這樣就不必向手機通路經銷商交通路費了。但這個情況 2015 年之後發生了變化，主要有以下幾個原因：

　　第一，這幾年手機行業殺進幾個玩家，比如魅族、樂視、360、一加、錘子等。魅族的副總裁李楠曾經和我聊到手機市場

的情況：一加出來鎖定了 100 萬支的市場，那這 100 萬支的市場份額就被搶走了，我們很難再為市場創造出 100 萬支的新增需求。360 出來做手機，不管怎樣都會搞走大概 100 萬支的需求，樂視又會搶走一部分份額，所以各家發布手機的時機、配置等都非常謹慎，做手機尤其要精打細算。 2014 年算是網際網路手機的頂峰之年，銷售量出現了一個天花板，而且又有一些網際網路手機的友商殺入，結果小米的份額就被搶了一部分。

第二，因為前幾年線上賣手機賣得太好，導致小米完全沒思考做線下的事情，發現問題的時候已經晚了，而線下的銷售能力又不是一天能做出來的。雖然在 2014 年之後的兩年小米也在建設線下通路，但銷量幾乎沒有增長。

還有個問題就是，即使小米重視線下，也很難透過傳統的手機代理通路銷售。因為小米的毛利太低，給通路的分佣沒有吸引力，所以線下代理商常常是拿著小米的幌子招攬顧客，顧客進來還是想方設法賣給他們別的手機。很多經銷商知道，賣一支小米只能賺 100 元，賣一支別的手機就能賺 500 元，他們當然沒有動力去賣小米手機。

第三，三星這兩年在中國市場開始走下坡路，但三星手機定位一直在 3000 元以上，而小米基本是在 2000 元以下，所以三星的份額雖然讓了出來，小米卻沒有對應的機型來補位，結果華

爲、OPPO 和 vivo 接棒，沒有小米什麼事。定價問題確實事關大局，當初破局的優勢，這時反倒成爲掣肘的劣勢。

第四，2015~2016 年小米供應鏈出了問題，產品供應特別緊張。

第五，隨著友商水準的提升，小米手機在 2015~2016 年產品力相對下降，沒有推出特別拿得出手的機型。

小米手機過去一直延續低於 2000 元的主流定價，不僅難以建立線下銷售的優勢，加上成本的限制，這種定價也很難支持它開發更高性能的手機。

接下來，小米有兩個重要的動作。

首先是對線下通路的重視和發展，聯合創始人林斌在此時轉而負責小米線下店。2015 年 9 月，小米在當代商城開出了第一家線下體驗店，那時還是一個實驗性的嘗試。到 2021 年 7 月 16 日，雷軍接受媒體採用訪時表示：到今天爲止，透過線上買小米手機的人不超過 30%，70% 是透過線下購買的。小米從 2016 年開始重點布局線下門店，2021 年小米每個月開設 1000 家店面，到 6 月底線下門店已經接近 8000 家。

小米線下店早期是自營的，因爲小米手機價格毛利太低，只能自己做。後來隨著小米的產品線豐富，手機價格提升，小米線下店才有聯合經營和加盟經營的方式，因爲這樣的毛利可以支撐

商業夥伴獲得利潤了。

其次是產品能力的提升和價格提高。小米 MIX 的研發是一個極度保密的項目，2016 年下半年推出的時候驚艷了手機行業，一貫高傲的羅永浩也在微博上發文稱：小米 MIX 是一次讓人肅然起敬的了不起的嘗試。

據說，因為 MIX 的突然亮相，小米內部一些已經遞交辭職信的員工又主動要求留下工作了，MIX 一下子將小米內部的士氣和對外的勢能提了起來。儘管 2016 年的銷售情況並不完美，可是 MIX 已經是一個不錯的開端。

從 MIX 開始，小米才算正式進入了 3000 元以上的手機陣營。 在我寫這本書的時候，我在小米官網上查詢到的小米 11 Ultra（12GB/512GB）售價是 6499 元。小米，早已不是那個當初售價只有1999 元的小米了。

超低定價在早期為小米的超高速發展提供了支持，但定價的毛利究竟應該保持多少才是合理的，並沒有確定的答案，因為每個商業模型都不一樣。小米早期為什麼可以做到非常低的毛利？大概有以下幾個原因：

第一，以比同等性能手機低許多的價格上市，可以獲得關注，並迅速獲得一個市場地位。

第二，由於雷軍的背書，小米獲得了大量投資，資本願意犧

牲早期的利潤來獲得快速的增長和市場地位。這與過去的創業條件很不同，小米可以沒有利潤快速奔跑好多年。

第三，小米在 500 億元的銷售額之前主要透過小米在線商城銷售，線下沒有代理商，不需要考慮通路費用，這可以支持小米比較低的產品毛利水準。

第四，小米手機即便在硬體上賺不到太多利潤，如果能將手機賣到足夠多的數量，也會形成一個網路效應，日後可以有包括 App 預裝費用、流量入口費、廣告費、App 分發、遊戲通路及聯合營運費、電商通路及自營產品銷售、智慧硬體聯網等多種收入。所以小米手機並非只賺一次性的硬體收入，還有在產品使用中持續的經營收入，站在長期經營的角度看這也是合理的。

雷軍在一次採用訪中講過，「硬體最多賺 5% 的純利潤」，這句話背後其實是有許多彈性和回旋餘地的，比如，產品的研發費用要不要計入硬體成本？如果大量投入研發，那淨利潤低並不代表產品毛利就一定低；再比如，手機可以在用戶使用中持續獲得其他營運收入，那這部分收入是不計入硬體利潤的。

但是有許多企業，包括小米生態鏈的許多企業和品牌，都在學習小米「低利潤」上走錯了道路。

因為雷軍在「令人感動的低毛利」這件事上獲得了很大的成功，他有意無意地也會認為在任何產品上都可以採取這種定價方

式，這就是沒有根據實際情況來思考問題。雷軍在與多家小米生態鏈企業創始人的溝通中都表達了這種態度，比如產品只賺 10個點的毛利，其實這種一刀切的做法讓許多企業走了彎路。

比如順爲資本投資的從事家庭裝修行業的公司愛空間，當年雷軍指導說裝修只賺 10 個點的毛利，確實讓愛空間短時間內爆發了一下。可是裝修行業的集客成本太高，客戶又幾乎沒有回購，加之裝修施工極其複雜，不能像小米手機一樣可以透過用戶後來的使用收取其他費用，所以 10 個點的毛利根本無法維持其正常的企業經營。後來愛空間在經營中逐漸調整了當初的定價。所以定價還是需要符合一個行業、一個企業、一個產品的正常邏輯才對。

雷軍曾在訪談中提到，小米要做科技界的好市多（Costco）。我認爲拿手機、小米商城、小米生態鏈和小米有品的大部分商品的定價與好市多來對比，非常牽強。

好市多成立於 1976 年，它從成立的第一天起便立下承諾：以盡可能合理的價格爲會員提供良好的商品和服務。好市多透過倉儲批發的商業模式經營，爲了降低成本，商場內所有商品均以原裝貨盤運送，並陳列在簡單的賣場環境中。好市多的賣場是自助式的，會員所購買的商品可以利用回收的空紙箱包裝。此外，透過普遍採用用大包裝商品、精簡 SKU（stock keeping unit，

存貨單位）（沃爾瑪的 SKU 有 13 萬個，而好市多只有 4000 個）、增加自營商品、收取會員費等措施，好市多經營的產品確實是品質好、價格低，據說好市多銷售的商品定價如果毛利率超過 14% 就要經董事會開會同意才行。

　　小米給出的是感動人心的價格，好市多的商品同樣也是，那它們兩個為什麼不同呢？

　　首先，小米手機是品牌商，好市多則是通路商；好市多賺的是通路費用，小米手機賺的則是商品生產、設計、研發的費用。過去雷軍說硬體只賺 10 個點的毛利（後來這句話慢慢不提了，改成了 5 個點的淨利潤，其實差別非常大），指的是最終售價只有 10 個點的毛利。什麼意思呢？假設一支小米手機的 BOM（物料清單）製造成本是 1800 元，那麼它在小米商城或者小米線下專賣店零售的價格不能超過 2000 元。小米手機既是品牌供應商又是通路商，而這兩個環節加起來只賺 10 個點。

　　好市多呢？如果好市多可以賣小米手機，且好市多也只賺 10 個點毛利，小米供貨價格是 2000 元，那麼好市多銷售的小米手機價格就應該是 2200 元。所以我才說，好市多是賺了 10% 的通路費用，它背後的品牌供應商還要賺供貨利潤。但小米說只賺 10% 的毛利，那是把供貨和通路全算進去只賺 10 個點，這顯然太低了，低到許多通路都不願意賣小米手機。小米被逼無奈，

才自己建線下專賣店，自己做通路。所以我過去一直說小米的這種定價不合理。手機還好，還能收一些別的流量和廣告費用，但其他硬體產品，比如空氣清淨器、手環、淨水器等，如果都只賺10個點的毛利，是不符合商業經營邏輯的。

其次，好市多看起來是毛利不超過 14%，但背後還有一部分收入被忽略了，那就是好市多的會員費。

和一般的超市不同，如果你想去好市多買東西，你首先要成為好市多會員。好市多的會員分為普通會員和高級會員兩種，在美國和加拿大普通會員的年費為 55 美元，高級會員的年費為110 美元。高級會員可以享受一年內購買金額 2% 的返利，以及其他一些優惠。要記住，這個費用可不是存在你的會員卡裡消費的時候還能使用，而純粹就是為了獲得會員資格支付的費用。

2017 財年（Fiscal/Financial year，財政年度），好市多的會員費收入是 20 多億美元，當年好市多的淨利潤為 26.8 億美元，會員收入占到了利潤比例的 74%。2018 財年，好市多的會員費收入為31.4 億美元，企業總利潤是31.3 億美元。最近的 2021年，好市多的會員費收入為 38.77 億美元，淨利潤為 50.07 億美元。有沒有發現，如果沒有會員費，好市多就是一家不怎麼賺錢的公司。

而小米沒有會員費，還只賺好市多那麼薄的利潤，這不是同

一個商業邏輯，所以小米早期那種超低利潤定價在實體企業中幾乎就不可能長期存在。

最後，小米做的是智慧型硬體，手機的研發費用相當高，即使是掃地機器人、電視、路由器、筆記型電腦等產品也有很高的研發費用，這是好市多這種通路型公司不能比的。所以，完全對標好市多的低利潤，也不是理性的選擇。

小米生態鏈早期有許多企業都採用用了極低利潤的定價策略，最後幾乎都放棄了，因為這種過低的毛利本身在商業邏輯上是不成立的。有些產品，如果只在小米商城銷售，因為不用付過多通路費用還勉強可以生存，但小米商城的銷量畢竟有限，一旦想到其他通路銷售，這種毛利連通路費用都付不起，更不用說傳播推廣的費用了。

後來小米意識到了這個問題，不再糾結於 10% 的產品毛利了，小米手機的價格也一漲再漲，小米生態鏈的多數企業也紛紛提高了產品售價。當然相比其他品牌，小米的大部分產品性價比依然是相高的。

說到這裡，我還是想提醒那些看到一個品牌成功就立刻要去模仿的企業家，一定要想清楚自己的具體情況，沒有經過詳細視察就片面學習，往往就是在往死路上飛奔。

比如，小米手機即使定價很低也能賺錢，那是因為早期小米

有投資機構支持，不著急賺錢，手機還能透過營運獲得收入。再比如，有人學江小白的表達瓶，其實他們不知道江小白除了表達瓶，還有幾百萬家餐館的銷售通路。還比如，有人要學元氣森林，但他們不知道元氣森林的老闆唐彬森早年透過遊戲賺了好多錢，他早期根本不太在乎虧損。

我想起一個朋友的故事。

她在頤和園附近經營一個文化空間，當年經常請舒乙這種級別的文化藝術大師去講課，空間也非常熱鬧。於是有人就覺得她的空間經營得很棒，也想辦一個，但辦一個就失敗了。後來她和我說：

「別人也想學我做這種空間，其實他們並不知道這個空間賺不賺錢，只是表面上看著很熱鬧。我經營這個空間，是因為我想請這些名家為兩個孩子在文化藝術方面多薰陶薰陶，我其實不太關心賺不賺錢的事。他們可能不知道，我之所以能經營下去，是因為我虧得起。」

筆記 31

應用案例——諮詢公司的定價問題

　　在我的知識星球上，有朋友問我一個問題：諮詢公司報價幾百萬元、上千萬元，它們到底值不值這個價錢？

　　其實諮詢公司的服務值多少錢，這個真的很難定義，要是能想清楚這個問題，你可能會理解很多商業現象。我也沒有確切答案，不過可以來探討一下這個問題。

　　首先要搞清楚，諮詢公司服務的價值是由諮詢公司提供的服務和客戶本身共同決定的。

　　你服務一個品牌，它只有一家店，年營業額 300 萬元，你的諮詢很夠力，幫它提升了 50% 的業績，那麼它一年多賺了 150 萬元。你收費 200 萬元，它可能會覺得這太貴了，不值得。

　　你服務了一家世界五百強企業，它的年營業額是 1000 億元，你幫它提升了 1% 的營業額，那麼它一年多賺了 10 億元，你收費 500萬元，這家公司覺得你的收費簡直太便宜了，因為這種投資回報太高了。

　　你看，你服務不同的客戶，價值是不一樣的。當然，一家行

銷諮詢公司的方案也許真的沒什麼價值，這又是另一種情況。我在這裡講的是，行銷諮詢的價值其實不僅和行銷諮詢本身有關係，還與客戶有巨大的關係。

其實廣告的價值計算也是一樣的。

比如世界盃的贊助，2018 年俄羅斯世界盃的一級贊助商花費大概是 1.5 億美元，那麼這個廣告值不值呢？這就要看誰來贊助了。

如果萬科地產贊助世界盃，那肯定不值得，因為它贊助了也得不到那麼大的回報。

如果是可口可樂贊助世界盃，那就會划算，因為可口可樂的業務遍及全球，而世界盃是全世界人民的盛事，相對來說，只在中國本土銷售的元氣森林贊助世界盃就沒有那麼大的價值。

當然，行銷諮詢的報價還含有諮詢公司品牌本身的一部分價值。比如一家世界五百強企業，基本上不會尋找我們這樣的諮詢公司，因為我們太小了，歷史和聲譽都不夠，它應該會在更大、更有名氣、歷史更久遠的公司中尋找供應商。

同時，邀請知名行銷諮詢公司，本身還具有一種宣傳價值。我就聽說過某些加盟品牌，邀請一家著名諮詢公司做諮詢，其實就是為了向自己的加盟商證明自己的實力並帶給他們信心。

那諮詢公司怎麼定價呢？作為一個諮詢行業的從業者，我說

說我的經驗。

可能很少有一個行業會像諮詢公司的定價那樣差別如此之大。在我們行銷諮詢行業裡，價格低的可能就收個幾萬元、幾十萬元，價格高的，一年的服務費用能收到一兩千萬元。比如已經故去的葉茂中老師，他的公司一年的服務費就有 1000 多萬元。

諮詢公司的生意類型叫作專家生意。專家生意的特點是門檻高，但複製很難，所以諮詢公司規模一般都不大。我估算過中國的行銷諮詢公司規模，可能排在前 10 名的公司，人數總規模也就 1000 人左右。

專家生意非常依賴核心專家，所以這個行業的「供應鏈」非常短缺。行銷諮詢還好一些，可以透過一些方法論和工作模塊設計讓普通員工承擔較多的工作量，但像律師事務所這種專業服務，就更加依賴知名律師。

諮詢行業很難擴大業務規模，所以要想增加營業收入，就只能提高價格。我之前在一次演講中說，小馬宋現在做一個半年制的項目是 160 萬元（全年服務是 260 萬元），和定價最高的同行比，它們是我們價格的 5~10 倍。如果我想把營業收入提高 100 倍怎麼辦？我們可以把業務量提高 10 倍，這用 5~10 年時間是不難做到的，然後逐步把價格提高到現在的 10 倍，不就 100 倍了嘛！

　　當然我覺得 1000 多萬元的收費還是太貴了，我們要做很多企業的生意，就不能這麼定價。

　　關於諮詢公司定價的依據，有幾個維度。

　　第一，競爭的維度。也就是說，定價要看同行。

　　如果你們服務能力差不多，那同行的定價就是你定價的上限，這是基於競爭的一種定價思維。你和對手水準差不多，但定價比他們高，那客戶為什麼選你？

　　所以你看那些「著名」行銷諮詢公司走出來的副總裁、合夥人或總監，他們自己開一家諮詢公司，定價一般就是它上一家公司價格的一半或更低。他們走出公司創業，雖然背著原來公司的名頭和聲譽，但畢竟不是老牌大廠，所以價格就會降一半，但又不能太低，否則掉了身分，所以把價格定在原東家 1/4 ~ 1/2 的區間，相對比較合適。小馬宋是那些傳統知名行銷諮詢公司的後輩，行銷諮詢服務定價在這些公司的 1/4 左右，也比較合理。

　　第二，業務規模的維度。也就是說，價格越貴，你能接到的客戶數量就越少。

　　當然，高定價有幾個好處，一個是高利潤，一個是這種定價天然篩選出那些有實力的客戶，這樣可以保證你做出的客戶案例「更容易成功」。至少願意付一兩千萬元的客戶是有錢打廣告的，這就會讓諮詢公司的案例傳播度很高。

定高價的缺點是客戶數量會偏少，能接受這種價格的客戶數量不夠多，所以公司每年接到的項目也不會太多，甚至有些諮詢公司經常「斷炊」，整個公司處於無事可做的狀態。

我們希望接受我們價格的客戶多一些，每年多做一些項目，這對公司團隊也是寶貴的經歷和鍛鍊。團隊是需要實戰歷練的，如果每年做不了太多業務，我擔心他們能力退化。把價格定到行業最高價的 20%~30%，客戶容量至少會增長 100 倍。我們不是超高定價、超高利潤，而是相對高價、相對高利潤，這樣既保證利潤，又保證項目的數量和團隊的實戰能力鍛鍊。

第三，成本的維度。

諮詢公司這種商業模型，注定了沒有物美價廉一說，所以成本不是考慮諮詢服務價格的主要因素。諮詢公司規模不能做太大，那就只能多賺一些利潤。

第四，客戶價值的維度。

也就是你提供的諮詢服務價格值不值這些錢。如果值，你的客戶做完項目就會傳播你的口碑；如果不值，他們做完項目就會晰你，別的客戶來找你服務之前，也會去老客戶那裡瞭解情況，那你未來獲客就難了。

小馬宋的做法是，隨著公司發展逐步漲價。今天我們的價格已經是 6 年前公司成立之初的 8 倍左右，但漲價的前提是我們的

服務品質要逐步提升，我們的行業經驗、諮詢經驗都在積累，方法論也在逐步完善。我們公司早期沒有設計部門，今天已經有了完善的具有插畫、VI（視覺識別系統）、吉祥物設計、包裝、平面等職能的設計部門，服務的完備程度也比早期高了很多。

本質上，諮詢公司定價的問題還是你提供的價值和價格是否匹配的問題。諮詢公司要保持諮詢價格低於自己的服務能力，那你的客戶滿意度就會更高。

這就是諮詢公司的定價思維。

筆記 32

商品售價決定企業定位和未來命運

價格即感知，感知即認知，認知即經歷。

過去幾年，一說起餐飲品牌，大部分人可能會說起麥當勞、海底撈、西貝、喜茶、太二這樣的知名品牌，可是絕大部分人卻不知道中國餐飲行業的「四大天王」，它們是：正新雞排、蜜雪冰城、絕味鴨脖和華萊士。

根據窄門餐眼 2021 年 7 月的數據，這「四大天王」擁有的門市數分別是 16057 家、13846 家、14541 家和 18840 家，開店數量都超過一萬家。在中國，我們稱這樣的品牌叫作萬店品牌。相比之下，海底撈同時期擁有 1457 家門市、麥當勞有 4880 家門市、西貝有門市374 家、太二有門市 283 家、喜茶有門市 812 家。

我把每家餐廳的人均客單價也列了出來，做成了一個表格（見下表）。

	門市數（家）	人均客單價（元）
海底撈	1457	121
太二	283	92
喜茶	812	29
西貝	374	103
麥當勞	4880	27
絕味鴨脖	14541	27
正新雞排	16057	14
華萊士	18840	18
蜜雪冰城	13846	6.9

數據來源：窄門餐眼 2021 年 7 月實時查詢。

這個邏輯很清楚：客單價越低，門市數越高。

不過還有一個問題值得注意，「四大天王」中沒有一家是從北上廣（北京、上海、廣州）這種一線城市發展起來的。蜜雪冰城的總部在河南鄭州，華萊士起源於福建福州，正新雞排來自浙江溫州，絕味鴨脖是從湖南長沙走出來的。為什麼呢？大概是因為一線城市的創業者不容易從三、四線城市消費者的視角去思考問題，而最重要的一個視角，就是他們對價格的感知。

我們在服務「魚你在一起」（酸菜魚快餐米飯）的時候，發

現在深圳有一家加盟店生意做得非常好。我的同事透過和老闆交流，才知道這家店每天都會推出一款八八折的特價酸菜魚。魚你在一起的酸菜魚一份套餐價格是 30~35 元，也就是說，在八八折的優惠下，每份酸菜魚大概便宜了 3~4 元。就是這樣一個簡單的優惠，讓這家店的生意明顯好於其他加盟店。我們在視察中還發現，有些顧客平時不吃辣，但因為當天八八折的酸菜魚是辣的，他們還是點了這個辣的酸菜魚。為了 3~4 元的優惠就會點一個自己不太喜歡的口味，這是許多收入較高的餐飲創業者想像不到的。因為絕大部分顧客是很在意價格的，所以那些定位低端的餐飲連鎖品牌才會有機會做成萬店以上的規模。

我曾經和一位做高端茶飲的創業者交流，他問了我一個問題：「顧客真的會在乎這兩三元嗎？」我說：「會，他們真的會。你是個富二代，可能並不瞭解普通人的生活。」這也就解釋了為什麼一線城市的創業者很難做出萬店品牌，因為這些創業者基本無法理解那些喝 4 元現製檸檬水的顧客是怎麼想的。

從絕對價格上來看，通常是價格越低，目標消費者群體越多。在餐飲行業可以明確的是，人均客單價越低，能開的店就越多。

如果你是一個心懷大格局的創業者，要想在未來 10 年、20 年開出萬店規模的偉大品牌，你有必要瞭解一下什麼樣的生意才

能做到萬店規模。日本著名連鎖經營顧問渥美俊一曾經講過在日本要想達到「千店規模連鎖」（對應到中國的市場規模就是萬店規模連鎖）的必備條件，我這裡簡單總結如下。

第一，商品的特徵。

商品必須是大眾都能使用和食用的東西，也就是 80% 的人能夠日常食用和使用的商品。比如在中國你做餐飲，麵條、米線、包子、餛飩、漢堡、奶茶等都屬這類，但是咖喱飯、義大利麵、泰國菜等就不屬這一類。

商品必須是日常甚至是每日使用或者食用的。具體來說，餐飲行業認為一年 365 天大概有 300 天會吃的食物，才屬這一類。幾年前我去蘇州考察過一個小吃——芒果糯米糍，它來自香港地區，是用特製的糯米麵包上新鮮的芒果。這個小吃很好吃，但有個問題就是吃一個就膩了，一周之內基本不想再吃第二次。那這種小吃就不屬這一類。

商品必須是能輕鬆決定購買的那種，也就是顧客在買這件商品的時候可以做到毫不猶豫、立即決定。因為這樣的商品品質不錯，價格還有優勢，當然可以毫不猶豫。比如可口可樂是世界知名品牌，品質有保障，價格又不貴；麥當勞是大牌，品質好，價格還合適。

第二，關於價格。

　　要努力讓顧客購買時忽略價格。這個忽略價格，不是說顧客真的忽略價格，而是因爲很實惠，顧客在購買的時候甚至都不會考慮價格因素了。我去過成都一家中式連鎖餐飲品牌鄉村基，一個宮保雞丁套餐（包括宮保雞丁＋米飯＋一碟青菜＋番茄湯）只要 18 元，大眾點評買優惠券只要 15.9 元，這對絕大部分顧客來說就是一個不用思考就會買的價格。

　　價格必須穩定。價格的穩定是取得客戶信任的基石。所謂價格穩定，一是時間上要穩定，不能隨便提價；二是空間上穩定，不能一個地方一個價格。

　　滿足開店的商圈人口數一定要少。如果一個商圈要有 50 萬人才能滿足開一家店的標準，那這個商圈人口數就太高了。要想做超級連鎖，就應該建立商圈人口更少的業態類型。比如蜜雪冰城，2 萬~ 3 萬人的鎮上就可以開一家店，那它的商圈人口數就是 2 萬。

　　商品選擇上要大眾。怎麼才能減少開店所必須的商圈人口呢？在中國開一個鮮花店，商圈人數要求就很高，而開便利店，商圈人口要求就比較低，比如上海的沿街商鋪，往往隔幾十米就有一家便利店。

　　售價同樣會影響商圈人口，像北京 SKP 這種高端百貨，要全北京甚至周邊的河北、內蒙古、山西、天津的有錢人都來消費

才能支撐起來。但一家沙縣小吃，只要有個小區就能開一家店。

那麼，怎麼才算便宜？根據渥美俊一在日本的經驗，一般情況下比市場行情低 30%，顧客才會感到便宜。

這是渥美俊一在日本總結出的經驗，未必完全適合中國企業，但有一點可以確定，那就是價格對企業連鎖的規模有非常大的影響。所以世界上最賺錢的公司從來都不是奢侈品公司，而是那些定位於普通消費者的品牌。日本的首富是UNIQLO的老闆，德國的首富是廉價連鎖超市奧樂齊（Aldi）的老闆，西班牙的首富曾經是快時尚品牌颯ZARA的老闆，IKEA家居的老闆英格瓦·坎普拉則曾經是世界首富。

所以，當你決定了商品售價的那一刻，你企業的定位和未來的命運似乎也就注定了。

筆記 33

定價案例──特斯拉的撇脂定價[22]策略

　　特斯拉我不用多做介紹了，既然在講價格，我們就聊一聊特斯拉的定價問題。特斯拉自從在中國建廠大量生產和銷售之後，就在不斷降價。

　　在人類商業史上，除了福特的 T 型車，汽車降價如此頻繁其實並不多見。

　　汽車商業史上，倒是有先以低價切入市場然後漲價的案例。當年豐田公司為了在美國推廣它的高端車品牌LEXUS，以35,000 美元的低價進入了美國市場。這樣做主要是為了獲得早期用戶的支持，即在第一年就售出 1.6 萬輛。等到市場反應見好並且口碑大熱後，LEXUS宣布提價，這反倒進一步激發了消費者的購買熱情，第二年LEXUS就售出了 6.3 萬輛。隨後的 6 年時間裡，LEXUS的價格總共上漲了 48%。

22　編注：撇脂定價指在產品生命周期的最初階段，把產品的價格定得很高，隨著時間的推移，再逐步降低價格使新產品進入彈性大的市場，以取得最大的利潤。（參考自維基百科）

　　爲了讓客戶先有意願嘗試自己的產品而以低價進入市場，這是有長遠考慮的定價策略，因爲一旦客戶認可了這個產品，市場份額就會擴大，這種定價策略叫作滲透策略。

　　商業有意思的地方就在這裡，LEXUS當年的定價策略既然很成功，那爲什麼特斯拉卻採用了完全相反的定價策略呢？

　　特斯拉的定價策略是，先以極高的價格進入市場（2014年，我身邊的朋友曾用接近 100 萬元的價格購買特斯拉，而2021 年不到 30 萬元的特斯拉可能比當年的 100 萬元那款還時髦），然後慢慢降價。特斯拉的這種定價策略叫作撇脂定價。

　　這種做法主要是由市場形勢決定的，其實也不是特斯拉做事不地道。當年的電動車是個新玩意兒，願意買的人不多，想買的就是那些不差錢還願意嘗試新產品的人。特斯拉產量小，成本就高，加上早期的定價要負擔更多的研發費用，這幾個綜合因素導致特斯拉成本非常高。如果想有一些利潤，那定價一定很高。特斯拉很聰明，它一開始並沒有做普通車型，它做的是電動跑車，主要賣給那些想顯示自己的環保理念、對價格又不敏感的有錢人（我們稱之爲「富人稅」）。

　　電動汽車和燃油車雖然都是汽車，基本功能也都是代步，但早期消費者卻把它們分成了兩類商品。燃油車就是傳統汽車，它們是汽車；特斯拉雖然也是汽車，但早期消費者把它定義爲高科

技產品，所以它們不在一個評價體系之中。消費者會把錢分門別類地存在不同的心理帳戶[23]中，對不同的心理帳戶，消費者對價格的預期也不一樣。比如，柴米油鹽就是在消費者的生活必要開支的帳戶中；得到的課程，就是個人提升發展的帳戶；小罐茶其實並不是一個日常飲用的商品，作為禮品它已被消費者歸入情感維繫的心理帳戶中；看電影，去迪士尼，這些是在享樂休閒的帳戶中。雖然這些帳戶要花的錢都是從個人真實的銀行帳戶中取出來的，可是各個子帳戶都是獨立存在的，心理帳戶不同，消費者對它的定義和價格感知也不同。

　　如果特斯拉僅僅是一個用電池作為能源的汽車，那它就會被歸入汽車這個心理帳戶中，它的價格就要與豐田、BMW、賓士這些轎車去比較。但在有錢人眼中，特斯拉不是交通工具，而是高科技的新潮玩具，是一個象徵和表達自己環保理念的商品，所以早期它的定價可以高一點，沒關係。

　　這就像一個有錢人去選手錶，他可能選百達翡麗，因為那代表了他的身分和階層，他絕不會選一支一萬元以內的手錶。可是這個有錢人也可能會選一支蘋果手錶，這個時候他戴的就不是手錶，而是一個智慧型軟體，這就是兩種心理帳戶的區別。

23　編注：1980年行為經濟學家Richard Thaler首次提出了「心理帳戶」的概念，他認為人們除了實際的金錢帳戶之外，也會透過心理帳戶支配所得與支出。

　　許多早期消費者肯定會罵特斯拉不地道，這種態度也可以理解，畢竟覺得自己買虧了。但從另一個角度來說，特斯拉降價就是純粹的商業考慮。

　　首先，它要想提高銷量，就必須進入 30 萬元以下的價格帶，這樣它才能成為大眾消費品牌，而不是有錢人炫耀的玩具。比起後來的十倍甚至百倍規模的消費者來說，特斯拉寧願犧牲早期那少部分消費者的「利益」和忠誠。

　　其次，它面臨國產電動車的競爭壓力。在電動車這個領域，大家畢竟都是新玩家，並沒有傳統汽車的品牌、發動機技術等壁壘。如果特斯拉定價過高，就會給友商搶占市場份額的機會。價格是個硬指標，沒錢就是沒錢，降價就會降出市場空間和購買能力。

　　特斯拉確實被許多人罵，你是不是會擔心它的口碑和品牌受損呢？這就要看你怎麼看待損失，怎麼看待你對長遠利益和短期利益的權衡了。其實特斯拉並不孤獨，這種操作蘋果早就示範過了。第一代蘋果手機在 2007 年 6 月 7 日上市時的定價為 599 美元，3 個月之後就降到了 399 美元，13 個月之後降到 199 美元（見下圖）。

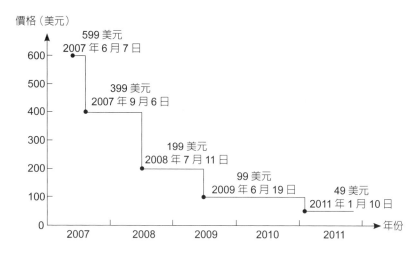

價格（美元）

599 美元
2007 年 6 月 7 日

399 美元
2007 年 9 月 6 日

199 美元
2008 年 7 月 11 日

99 美元
2009 年 6 月 19 日

49 美元
2011 年 1 月 10 日

年份

第一代蘋果手機的價格走勢

　　買三個月，價格跌一半，可謂瘋狂。當時上市時搶購蘋果的消費者也相當憤怒，然後他們就得到了蘋果示意性的安撫：100美元優惠券。但很明顯，初期買蘋果的只是少數人，從銷售趨勢看，後來購買的消費者才是蘋果手機的主力用戶，在蘋果看來，那些少數消費者是值得犧牲的。對特斯拉降價憤怒的消費者，應該也算是特斯拉願意犧牲的少數消費者，再過三五年，電動車銷量是現在十倍、幾十倍的時候，也就沒人再記起特斯拉降價這件事了。

　　蘋果和特斯拉的降價，還有一個典型的影響因素，就是之前

我們講過的「經驗曲線」。蘋果是典型的數位產品，特斯拉也有數位產品特徵，它們的成本會隨時間和技術的發展大幅下降，而性能則會大幅提升，這是可以預期的。所以，未來消費者可能會習慣特斯拉的降價操作。

　　據說馬克·吐溫在評論歷史的時候說過「歷史並不重複，但會押韻」。在瞭解越來越多的案例之後，你就會發現，商業的歷史也總是押著同樣的韻腳。

筆記 34

趣味性定價、價格誘餌與價格帶

這裡我要講幾個關於定價的小知識。

第一，趣味性定價。

2012 年的倫敦奧運會在定價上取得了很大的成功。這屆奧運會開幕式門票的最低價格是 20.12 英鎊，最高價格是 2012 英鎊。「2012」這個數字，顧客一眼就知道這代表了什麼。有些賽事還應用了「票價和年齡相同」的定價方式，比如 6 歲的孩子付 6 英鎊的門票，16 歲的人付 16 英鎊，這種定價獲得了廣泛的認可和稱讚。

倫敦奧運會原來的門票銷售目標是 3.76 億英鎊，但因為巧妙的價格結構和行銷溝通活動，門票收入最終達到 6.6 億英鎊，比預期收入增加了75%，而且門票收入比前三屆奧運會（北京、雅典和雪梨）門票收入的總和還多。

老鄉雞開業活動是請安徽老鄉免費吃麵，這也是一種特殊和有趣的優惠定價方式。有的餐廳會給穿紅衣服的女性顧客打折，有的餐廳和服務員擲骰子可以贏得一杯免費飲品。我們在給一個

奶茶客戶提方案的時候，曾經提出過 6.78 元這種「同花順」式的定價方式，這也是一種趣味性定價。

第二，價格誘餌。

英國的《經濟學人》是一個特別的例子，它提供了三種訂閱價格：

- 僅訂閱網路版：59 美元；
- 僅訂閱雜誌版：125 美元；
- 訂閱網路、雜誌雙版：125 美元。

你的第一反應是不是那個「僅訂閱雜誌版」的價格敲錯了，認為怎麼會有人去選擇第二種。第二種定價看起來是一個多餘的選項。但是，「僅訂閱雜誌版」這個選項其實在用戶訂閱時發揮了重要作用。

如果沒有第二個選項，用戶就沒有辦法準確地進行比較。誰也不知道訂閱網路、雜誌雙版要多少錢，大部分人會選擇僅訂閱網路版是因為更便宜。然而，「僅訂閱雜誌版」這個選項的存在迫使用戶認真地進行比較，人們能夠清晰地意識到「訂閱雙版」這個選項的價值。由於這個干擾項的存在，更多的用戶選擇了訂閱雙版（一個更貴的選項），該雜誌由此增加了 43% 的收入。

當提供不同版本的產品時，人們會很自然地對不同版本進行比較。你可以參考上面這個案例，為你的產品增加一個干擾項，引導消費者選擇你更貴的版本。透過增加一個與更貴產品價格十分近似但品質較差的產品版本，你就能夠影響消費者比較的結果，他們會發現貴一點的產品突然顯得更有吸引力了。

第三，價格帶模型。

這是超商零售專家黃碧雲老師講過的一個概念。所謂價格帶，就是一個品類從最低價到最高價橫跨的價格範圍。通常超市在進貨時要考慮價格帶的問題，因為價格帶是顧客對你超市定位的感知。比如優酪乳，如果你的價格帶是單瓶 10~30 元，那就是一個中高端超市的定價，整個超市也會讓人覺得貴。

價格帶模型就是價格帶中的幾個要素價格，包括起價、封頂價、主要價格帶和大眾心理價。起價和封頂價比較好理解，就是這個品類中的最低和最高價格。

大眾心理價就是一個品類的商品在大部分人印象裡的最低和最高價格。比如優酪乳，一般人認為一袋或者一瓶優酪乳的價格是 2~10 元，這就是大眾心理價。

瞭解了大眾心理價格，你要想讓顧客覺得你的價格帶便宜，那就要把起價和封頂價做到比大眾心理價都略低，顧客就會覺得你們家便宜。

　　所謂主賣價格帶，就是你的起價和封頂價橫跨的價格區間。如果你經營的是一家賣場，你要注意的是價格模型中的這幾個要素；而如果你是品牌提供商，你就要注意價格帶中的價格空隙。

　　比如一般優酪乳，1~2 元就是一個價格空隙，如果在價格帶內還有某些價格沒有出現，那這個空隙就是定價的機會。

✏️ 金句收藏

1. 價格也是一種重要的產品特徵。

2. 價格就是特徵，定價就是定位，所以定價在行銷實踐
   中才會有舉足輕重的作用。

3. 所有的知識都源於我們的感知。——達文西

4. 價格也不過是一種感知而已。

掃一下QRcode，長按保存圖片，可分享社群。

番外篇

筆記 35

品牌塑造和商業經營
不能用一個簡單模型去解釋

　　做行銷，做品牌，不可避免地要聊到定位理論，甚至目前在中國大部分對品牌知識略知一二的老闆們，知道的關於品牌的唯一理論就是定位。有些老闆找我們做諮詢時通常最簡單的訴求就是「幫我們做個品牌定位」。

　　定位理論在 21 世紀的前 20 年對中國行銷界的影響絕對是壓倒性的。

　　這個理論在中國影響力的建立，不僅僅是因為《定位》[24]（Positioning：The Battle for Your Mind）這本書的暢銷，還因為眾多做定位諮詢的公司的努力，以及過去 20 年來大的消費品牌往往都接受了定位理論的諮詢和洗禮。由於方法論普及、行業宣傳以及成功案例頻出，所以定位理論在中國大行其道。

　　定位理論確實是品牌理論史上非常重要的一個理論貢獻，但

24　編注：最新繁體版由臉譜出版，書名為《定位：在眾聲喧嘩的市場裡，進駐消費者心靈的最佳方法》。

是所有理論都是有局限性的，它肯定不會像某些定位理論信徒說的那樣能解決一切品牌問題。

所以在本書快到尾聲的時候，我想花一些篇幅來聊一聊我對定位的看法。

定位理論是由艾爾・賴茲（Al Ries）和傑克・屈特（Jack Trout）兩位廣告界的風雲人物首先提出並不斷完善的。里斯與特勞特本是同事，他們共同工作的公司叫 RCC廣告公司，是由里斯在 1963 年創辦的。里斯在早期提出過一個定位的雛形概念叫作「rock」（岩石），後來加入公司的特勞特提出了「positioning」（定位）這個詞來表達這一新思想。

不久之後的 1969 年，里斯和特勞特在《工業行銷》上共同發表了〈定位：同質化時代的競爭之道〉一文，首次公開提出了「定位」這一新概念。從 1972 年開始，美國的《廣告時代》雜誌連續刊登了他們的系列文章〈定位新紀元來臨〉。1980 年，麥格勞──希爾出版社出版了兩人的《定位》一書，兩人藉由這本書一戰成名。

定位理論獲得過相當多的贊譽。2001 年，定位理論被美國市場行銷協會（AMA）評選為「有史以來對美國行銷影響最大的觀念」。 2009 年，美國《廣告時代》雜誌評選《定位》為「歷史上最佳商業經典」第一名。

　　2002 年簡體中文版《定位》出版，我應該是定位理論在中國最早的一批讀者。2002 年我正在讀 MBA（工商管理碩士），偶然看到這本書，有一種醍醐灌頂的感覺，從此在 10 年左右的時間裡，我一直是定位理論的堅定擁護者。

　　2012 年，我們創辦了線上教育網站第九課堂，那時我從一個廣告創意人轉換成為創業者。再後來我持續在真實的商業世界打拚、實踐並且觀察思考，我對定位也有了一些不同的看法，這裡寫出來與大家共同探討。

　　在討論一個理論，尤其是一個人文社科領域的理論的時候，我們需要一個基本的認知：任何理論和方法都是有限制條件和適用範圍的。在我們人類的認知和知識體系中，只有兩個領域的理論是無法辯駁的。第一個是數學。數學的許多基礎理論被稱為公理。所謂公理，就是人類公認的道理。公理不接受反駁，如果公理錯了，那人類的認知就會坍塌。數學本質上不是卡爾·波普（Karl Popper）所說的科學。波普認為科學就應該具有「可證偽性」，但數學是不可被證偽的，所以在數學領域不會有人吵架，因為每個定理或者猜想都可以透過推導證明出來，公理和推導邏輯又是所有科學家的共識。

　　第二個領域是邏輯。人類思維和語言的邏輯也不可被證偽，邏輯甚至是數學思維和推導的基礎。人類遵循同樣的邏輯，才能

在某些事情上達成共識。

　　除了以上兩個領域，幾乎所有能稱為科學的理論方法都應該具有「可證偽性」。即使是牛頓的萬有引力定律，物理學家也已經證明它在特定條件下是不適用的。在人文社科領域的思想，那就更不像科學，而且越不太科學的學科，人們往往越想給它安上一個科學的帽子，比如管理科學。真正公認的科學領域，比如物理，大家倒不在意後面是否有「科學」二字了。

　　我說了這麼一大篇就是想說，品牌行銷領域其實沒有絕對的、唯一正確的理論和方法。大部分理論和方法都有它的適用條件和適用範圍，如果有人宣稱這個理論通殺四方，能應付各種情況、各個品牌、各個企業，如果你願意相信，那就請相信吧，反正我不信。

　　定位理論也有它的局限性。

　　在定位理論出現之前，品牌理論領域關注的是企業、產品和設計、創意和廣告，沒有人意識到或者真正洞察出品牌是存在於客戶心智之中的。定位第一次提出品牌存在於顧客的心智之中，是對品牌認知的一個巨大貢獻。

　　定位的核心觀點是基於顧客認知的心理學。每個人的記憶能力是有限的，定位理論強調，人只能記住一個品類中排名前三的品牌，再多的品牌就很難被記住。這與我們的日常經驗吻合，如

果不是品牌專業領域的從業者，在某個品類中，你耳熟能詳的品牌確實就是三個左右，甚至你只能記住排名第一的品牌。基於這個洞察，定位理論才強調，如果你不能在一個品類中占據第一名的位置，你就應該讓自己成為一個特殊或者細分的類別，並成為這個細分類別的第一名。比如你做汽車，如果做不到該領域的第一名，那你就可以考慮做越野車、皮卡或者商務車的第一名，這就是一個極簡版的對定位的描述。

我們還可從另一個角度去解讀定位。

根據國外一些學者的研究，顧客在決定購買的時候是有一個決策流程的。一般情況下顧客會先區分自己想買的商品類別，然後再進一步細分，直到確定了想買某一個細分的品類。他會調動自己的記憶，列出幾個品牌供自己選擇。

比如他想買一種飲料。首先他會區分要買瓶裝飲料還是現調飲料，瓶裝飲料就是可樂、果汁等，現調飲料就是奶茶、咖啡、鮮榨果汁等。如果他決定要買一種瓶裝飲料，他又會對瓶裝飲料進行分類，這裡可分為水和帶口味的飲料，帶口味的飲料又會分為碳酸飲料、能量飲料、咖啡飲料、茶飲料等。最後他決定要喝一瓶果汁，這會兒他就會調動自己的訊息存儲功能，列出幾個他熟悉的品牌，也許是農夫果園，也許是元氣森林的滿分，也許是匯源果汁，也許是味全果汁。

　　這時，顧客通常會調出腦海中在這個品類中的龍頭或者第一位的品牌。所以，定位本質上就是要在顧客的腦海裡留下最深刻的印象，顧客對你這個品牌的印象越深刻，你就越容易被納入顧客的購買列表中。

　　成為品類第一，就是讓顧客印象深刻的簡單法門。那麼怎麼才能成為品類第一呢？

　　第一種方式，是成為這個品類裡的市場占有率第一。經過多年的努力，你有遍布全國的銷售網路和越來越多的顧客使用場景，它們會不斷強化你是市場第一的印象。你的市場占有率第一，自然就會成為品類第一的品牌。

　　第二種方式，就是創造一個細分品類。你還不是這個品類的市場占有率第一，而且根據目前的實力，你也很難超越現有的第一名。在正面打不過，只好從側面去打。你要創造一個細分品類，並透過大量的廣告宣傳，努力成為這個細分品類的第一。比如小仙燉這個品牌，過去的燕窩第一名是燕之屋，它是即食燕窩的第一名。那小仙燉怎麼去挑戰燕之屋呢？不要挑戰即食燕窩第一名，而是要開創一個細分品類，所以小仙燉說自己是鮮燉燕窩，它用冷鏈配送，保質期只有 15天。結果小仙燉就成了鮮燉燕窩的第一名。

　　這看似是一個完美的邏輯，但就像我說過的，在品牌領域沒

有一個理論是包治百病的，它都有自己的適用條件和限制。接下來就講講我認爲的定位理論的局限性。

定位理論誕生在美國的 20 世紀 60 年代，這已經是二戰後經濟高速發展了 20 年之後了，世界從滿目瘡痍、物資短缺到生機勃勃、物資充盈。大家突然發現並不是生產出商品，你就能賣得出去，因爲消費者有了越來越多的選擇。

由於大量商品的同質化，定位理論提倡用心智來影響顧客對商品的看法，所以定位的開創性文章題目就是「定位：同質化時代的競爭之道」。請記住，它是爲了解決商品同質化下的問題。

怎麼影響顧客對品牌的認知呢？其實就是大量做廣告。20 世紀 60 年代恰好是美國電視廣告風行的時代，就像 20 世紀 90 年代的中國一樣。你只要投放大量的廣告，並且堅持自己的定位，你就可以在顧客心智中占據一個重要的位置。只要能留下深刻的印象，顧客購買時就會更多地考慮你的品牌。

所以，定位本質上就是在顧客腦海中留下比別的品牌更深刻的印象。爲了讓顧客的印象更深刻，你才需要有個獨特品類，因爲別的品類的位置已經有一個印象深刻的品牌了。所以你的定位要簡單、深刻，讓顧客容易記住你，而且還需要大量的廣告幫助顧客記憶。

這就是定位的條件：要有大量的廣告來支撐這個「心智位

置」，而且還需要一個能夠迅速且大面積影響顧客的媒體，那時的媒介就是電視廣告。你做了一個品牌定位，顧客怎麼知道你就是這個定位呢？通常顧客只有看廣告才能知道。如果你說我的線下門店很多，顧客也可以記住。你的門市如果在這個行業是最多的，那你已經是第一了，就不需要定位幫你了。

假設一個奶粉品牌的定位是「更適合中國寶寶」。可是，如果有個奶粉巨頭鐵了心要占據「更適合中國寶寶」這個心智位置，那它用 5 倍的廣告轟炸，是不是就可以占據這個心智位置了？因為「更適合中國寶寶」並不是某個品牌專屬的。

所以廣告量很重要。克勞塞維茲（Carl von Clausewitz）的《戰爭論》和中國的《孫子兵法》同樣強調，戰爭取勝的第一原則是兵力原則，也就是兵力越多取勝機率越大。在影響顧客心智的「戰爭」中，廣告量就是兵力，廣告量決定了誰更能影響顧客。

還有一個條件就是你必須有大量影響消費者的媒體。過去是電視台，特別是央視，但今天電視廣告的效果已經大打折扣了。你可以想想，最近十年間，有幾個品牌是透過投放電視廣告做成行業第一的？幾乎沒有。

你要想占據顧客心智，那你準備了多少錢？你知道你的對手準備了多少廣告費？你是不是一定要比對手多幾倍才行？還有，

你到哪裡去投大量廣告來快速影響消費者？

看起來，定位的第一個條件，廣告費會非常高。而第二個條件，大規模傳播的媒體正在消失，你的廣告要想達到過去的同樣效果還要花費更多倍的廣告費。這個費用究竟值不值得，是需要我們思考的。

另外，具體的商業實踐比理論模型要複雜很多，也眞實很多。一個企業的成功是多重因素綜合作用的結果，靠的是正確的商業經營邏輯，而不可能靠一個單純的品牌方法。比如，德國有一個自動炒菜機品牌，叫作美善品。沒有用過的人幾乎不知道這個牌子，但在炒菜機這個品類中美善品的市場占有率是全球第一。它的成功依靠的是它獨特的代理機制，即透過銷售代理的推銷。而這些銷售代理大多數來自它的用戶，它透過把自己的用戶發展成銷售代理，成爲炒菜機品類的第一名。當然美善品也是全球炒菜機領域擁有專利技術最多的一個品牌，這是產品力和銷售模式的成功。

比如我過去遇到的一個白酒品牌，它透過私域流量、社群行銷就做到了幾十億元的規模，而它幾乎沒有打過廣告。

說到這裡，我簡單總結一下。定位是有用的，但有它適合的品類和行業，也必須有許多配套條件支持才可行。

定位理論確實影響非常大，我在前面也講過了它獲得的一些

榮譽。但我認為，有些「榮譽」被誇大了。在簡體中文版《定位》鄧德隆寫的序言中，定位被尊為第三次生產力革命，文中說的第一次生產革命是泰勒的「科學管理」，第二次是杜拉克的「管理」，第三次就是定位理論。我個人覺得，定位理論還很難與科學管理和杜拉克的管理成就相提並論。即使在品牌理論領域，如果要評選影響力和貢獻，排名第一的也應該是凱文·萊恩·凱勒（Kevin Lane Keller）和他提出的品牌資產模型。盧泰宏教授在他的《品牌思想簡史》一書中，給凱勒、杜拉克，甚至歐洲品牌學者卡普菲勒（J.N.Kapferer）的篇幅要遠遠大於定位理論的篇幅。

　　我也去瞭解了一下亞馬遜的圖書銷量排名。截至 2021 年 12 月 1 日，《定位》一書在亞馬遜廣告類圖書中排名第 36 位，在領導力類圖書中排名第 40 位，在市場行銷類圖書中排名第 165 位。

　　最早發布定位理論文章的美國《廣告時代》雜誌，在對過去 75 年裡的 75 個最重要的廣告時刻的評選中，定位理論排在第 56 位。在不同期刊、不同領域中，對定位影響力的尊崇程度也是不同的，所以我們還是本著全面的視角去看待定位理論為好。

　　我早年讀《定位》的時候，被書中精彩的論述吸引，那時我才 26 歲，對商業世界所知甚少，所以深信作者講述的每一個案

例。書中既有理論，又有大量案例佐證，這讓我對《定位》深信不疑。

但隨著瞭解到的企業和真實案例越來越多，我認為定位作者在引用案例的時候經過了刻意篩選，那些「不符合」定位理論卻經營成功的，以及用定位理論經營卻失敗了的案例被雪藏了。《定位》這本書已經出版 40 多年了，書中的許多論斷今天已經被證實是錯誤的。

既然與定位理論的論述有相違背的事實，那只能說明，企業並不是只能依靠定位才能成功。

我舉幾個《定位》中曾經提過的案例，並嘗試探討一下。

在中文版《定位》第一版第九章中，作者討論了「名字的威力」，其中有這麼一段：

作為每周一期的新聞雜誌，《時代》這個名字就比不上《新聞周刊》，因為後者更為通用。

《時代》是第一份新聞周刊，並且顯然很成功。但是，《新聞周刊》落後並不多（事實上，《新聞周刊》每年刊登的廣告量超過了《時代》）。

很多人認為《時代》是一個了不起的雜誌名。從某種意義上說，的確如此，這個名字簡短、醒目、易記，但是，同時也含

糊、隱晦（《時代》也可以是一份鐘錶行業的雜誌）。

　　《財富》雜誌的名字也有同樣的問題（《財富》可以是一份面向股票經紀人、零售商或賭徒的雜誌，所以，這一名字不夠明確）。《商業周刊》這個名字就好多了，也是一份更成功的雜誌。

　　在這一段中，作者認為《財富》以及《時代》雜誌的名字沒有《商業周刊》好，也給出了他的理由，我也覺得他寫的理由沒錯。但糟糕的是，在我看到的那個版本（可能是針對早期英文版說的）中，作者在書裡加了一個注解，他這麼寫道：

　　不得不承認，現在看來，《時代》的名字比《新聞周刊》這個通用的名稱更好。同樣，《財富》也好過《商業周刊》。當時，我們被後兩家採用通用名稱的雜誌的明顯成功所誤導。雜誌業有「進入壁壘」，通用名稱的弊端，不會像包裝商品等行業那樣明顯。在超市或雜貨店裡，一個新品類通常會帶來大批使用通用名稱的產品，造成混亂，所以使用通用名稱的品牌很少會暢銷。

　　這本書在 1981 年出版，我看到這本書的時候是 2002 年，那

時候《時代》和《財富》的名聲都比《商業周刊》要大得多。其實我當時非常驚訝作者居然會這麼寫。一個名字的好壞，可能會對品牌有些影響，但不至於說企業經營成功了，名字就一定是成功的。蘋果是個好名字，簡單易記，但蘋果跟電腦和手機一點關係都沒有。聯想也是個好名字，但蘋果這個名字比聯想好嗎？聯想和華為比呢？我沒法判斷。可要是有人因為蘋果市值高，就覺得蘋果比聯想的名字好，我覺得很不妥。哪怕華為經營得比聯想成功，但從名字上來說，我依然認為聯想的名字明顯比華為更好。

可是，作者在這裡的態度就有一點點騎牆，說《商業周刊》比《時代》好時是一個理由，當解釋《時代》為什麼比《商業周刊》好時，又講出了一大堆理由，這難免讓人懷疑定位理論的精確性。而且也不能說誰成功誰的名字就一定好。看到哪個企業成功，就用自己的一套理論解釋它為什麼成功，這不是一個科學的態度。

當然名字還是小事，《定位》作者之一屈特的另一本書《什麼是戰略》（Trout on Strategy: Capturing Mindshare, Conquering Markets）中，讀到的案例和結論更讓我覺得作者過於武斷了。

在這本書中，作者解釋了定位會起作用是因為人不喜歡複雜，定位一定要簡單簡潔。其中討論了關於產品的功能問題，他

這麼寫道：

現代企業人喜歡談論「融合」，即把各種技術合併，生產出具有更多功能的新產品，然而結局往往是失敗。下面是典型的例子：

- 美國電報電話公司（AT&T）的 EO 個人通訊器，它集合了手機、傳眞機、電子郵件、個人管理系統和手寫電腦。
- Okidata 公司的 Doc-it，它集合了桌面印表機、傳眞機、掃描器和影印機。
- 蘋果電腦公司的牛頓，它集合了傳眞機、呼叫器、電子日曆和手寫電腦。
- SONY的多媒體播放器，它帶有螢幕和連線鍵盤。

當然，它們比起比爾·蓋茲對未來錢包的構想，還算是簡單的。比爾認爲未來錢包應該是一種裝置，能夠集合或代替鑰匙、信用卡、身分證、現金、書寫工具、護照和子女照片的功能，還應該帶有全球定位系統，讓你隨時知道身在何處。

這些產品能夠成功嗎？不太可能！它們功能太雜亂，太複雜了，世界上還有很多人甚至都沒搞懂如何使用錄影機錄影。

人們對複雜的事物有牴觸情緒，他們喜歡簡易的東西，總想按一下按鈕就一勞永逸。

你讀完這段有什麼感覺？

我看到比爾·蓋茲設想的「錢包」的時候，腦海裡出現的是一個現代人離不開的產品——手機。它確實實現了比爾·蓋茲想要的所有功能：「能夠集合或代替鑰匙、信用卡、身分證、現金、書寫工具、護照和子女照片的功能，還應該帶有全球定位系統，讓你隨時知道身在何處。」除此之外，它還可以看健康數據、行程表，可以刷捷運票，可以拍照、錄影、打電話、發郵件、記錄運動量、開視訊會議、看書、聽課等，它比比爾·蓋茲設想的還要複雜。但是，現代消費者要愛死這個玩意兒了，他們似乎並沒有討厭這個具有極其複雜功能的東西。

在《定位》一書中，作者把米勒啤酒失敗的原因歸結為改變了淡啤酒的定位而推出了高品質生活啤酒，作者認為這是典型的品牌延伸。所以在《什麼是戰略》中，作者同樣批評了亨氏的做法，他這麼寫道：

成功的專家型品牌必須保持專一性，不能讓業務延伸而失去專家地位。

大多數的企業不願意局限於一項業務或一個領域，而是追求儘量多的機會成為一家更大的企業。但這裡有一項風險，一旦企

業失去焦點，專家地位就有可能讓位於人。亨氏（Heinz）是醬瓜業的專家，接著他推出了番茄醬，現在他在Vlasic 和Mt.Olive 的夾擊下，幾乎要退出醬瓜業務。

《什麼是戰略》這本書 2011 年在中國出版，在美國是 2004 年出版的。但我們看到的事實是，亨氏後來成爲番茄醬領域全球排名第一的品牌，亨氏還是嬰幼兒輔食米粉的全球第一品牌。如果按照作者的說法，亨氏推出番茄醬是錯的，那又怎麼解釋亨氏在兩個不同品類中分別取得第一呢？

綜合來看，作者在寫作中引用的案例是經過篩選的，因爲當時也有不用定位卻很成功的企業，只是他不去講。而那時他批評的一些品牌，經過幾十年的實踐檢驗，同樣證實了當時他的一些論斷是錯誤的。

我並不是故意找出這些案例來反駁所謂定位理論，而是想表達一個意思：**只用一個簡單的要素去思考企業會不會成功本身就是很草率的**。比如，我曾經說過名字很重要，一定要簡單好記才行，那不簡單也不好記的品牌會不會成功呢？當然也有可能成功，品牌名本來就只是影響企業行銷的一個環節而已，只要這個企業別的方面做得成功就可以。我們有個客戶叫Babycare，目前是中國排名第一的嬰幼兒電商品牌，2021 年銷售額超過 50 億

元。它的名字好記嗎？真的不好記。過去，我還聽過某些定位專家的論斷。早期美團和餓了麼拚外賣業務的時候，餓了麼更強，美團份額沒有那麼大，因為餓了麼進入市場更早，美團只是新進入者。定位專家就會用定位理論來解釋這個局面，說那是因為美團不專注，它又做點評，又做團購，還做電影票，但餓了麼只專注在外賣一個領域，所以餓了麼的市場份額是美團的兩倍還多。可沒過幾年，美團就碾壓餓了麼了，美團外賣的市場份額現在是餓了麼的兩倍。至於說這個市場的終局是什麼樣的，其實誰也不知道，也許哪天美團犯了一個驚天的錯誤，餓了麼突然就會鹹魚翻身，這也未可知。

用單一要素去判斷一個企業會不會成功，不是一種科學客觀的方法。我還是那個觀點：企業的成功是多種因素的成功，而不是一個點做好了就可以的；同樣，企業的失敗，也是多種因素造成的，不能說失敗就是因為某個因素。

總結一下，我對定位的幾個觀點。

第一，定位是一個重要的品牌理論，它首次洞察到品牌是存在於顧客心智中的，這才導致後來出現了品牌資產（品牌資產是顧客對品牌的所有認知）的概念。

第二，定位對民生消費品尤其有效，這類商品往往缺乏產品的壁壘，需要定位來區分。而且由於消費頻率高、受眾廣，民生

消費品也更適合做廣告。

　　第三，定位需要大量廣告才能影響顧客的心智，但大規模集中化的媒體正在消失。

　　第四，定位本身沒有錯，但要認識到它有適用條件，認為定位可以解決一切問題的想法不可取。

　　第五，統計學大師喬治．博克斯（George Box）曾經說過，**所有的模型都是錯的，它們只在特定的尺度上成立。假如只用一個模型觀察世界，就會讓真理成為公式的犧牲品。**希望你能理解，真正的品牌塑造和商業經營，並不是可以用一個簡單模型完全解釋的。

✎ 金句收藏

1. 只用一個簡單的要素去思考企業會不會成功本身就是很草率的。

掃一下QRcode，長按保存圖片，可分享社群。

後記
不必追求達到完美

你好，你已經讀完了這本書，是不是有一種並沒有結束的感覺？

確實是，其實這本書應該是（一）才是最準確的，因為即使從 4P 的框架來看，我也僅僅講了 2 個 P。除了 4P 中餘下的通路和促銷，在行銷領域，還有許多重要的問題，比如關於品牌，比如關於戰略，比如行銷環節的持續改善，等等，我都還沒有講。

所以，只要我的行銷實踐與觀察還在繼續，我就會持續寫下去，接下來應該會有二、三、四、五……直到我寫不動為止。

當然我說過，這本書之所以篇名叫筆記，就是想讓每一篇都能獨立成篇，有點像《我愛我家》的電視劇，你不用看其他劇集，從任何一集開始看都沒有違和感。這麼寫有它的好處，當然也有不太系統的地方，不過這正是我想提醒你的，其實人生和企業經營一樣，不可能達到完美，我們只能選擇一個方向或者一個結果。

我們每個人每個企業，在精進上可以選擇執著地前進，但在

結果上，最好不要過於糾結和執著，那只會讓你失望。不會有完美的人生，也不會有完美的企業，我們只能努力讓自己的人生過得更好一些，讓自己的企業明天比今天更好一些而已。

　　所謂完美，就是一種永遠都達不到的狀態。

VW00055

顧客價值行銷：35則從顧客角度出發，提升品牌價值的行銷筆記
營销笔记

作　　者—小馬宋
主　　編—林潔欣
企劃主任—王綾翊
美術設計—江儀玲
內頁排版—游淑萍

總 編 輯—梁芳春
董 事 長—趙政岷
出 版 者—時報文化出版企業股份有限公司
　　　　　108019 臺北市和平西路 3 段 240 號 3 樓
　　　　　發行專線—（02）2306-6842
　　　　　讀者服務專線—0800-231-705．（02）2304-7103
　　　　　讀者服務傳真—（02）2306-6842
　　　　　郵撥—19344724　時報文化出版公司
　　　　　信箱—10899 臺北華江橋郵局第 99 信箱
時報悅讀網—http://www.readingtimes.com.tw
法律顧問—理律法律事務所　陳長文律師、李念祖律師
印　　刷—勁達印刷股份有限公司
一版一刷—2024 年 5 月 17 日
定　　價—新臺幣 400 元
（缺頁或破損的書，請寄回更換）

時報文化出版公司成立於一九七五年，
並於一九九九年股票上櫃公開發行，於二〇〇八年脫離中時集團非屬旺中，
以「尊重智慧與創意的文化事業」為信念。

顧客價值行銷：35則從顧客角度出發，提升品牌價值的行銷筆記
／小馬宋著. -- 一版. -- 臺北市：時報文化出版企業股份有限公司,
2024.05
316面；14.8*21公分. -
譯自：营销笔记
ISBN　978-626-396-214-9（平裝）
1.CST: 行銷學 2.CST: 品牌行銷 3.CST: 行銷管理 4.CST: 行銷策略
496　　　　　　　　　　　　　　　　　　　113005417

ISBN　978-626-396-214-9
Printed in Taiwan